中国高等教育"十三五"规划教材

中文版 SketchUp Pro 2015 实训案例教程

艺术设计

汪振泽　李娜　肖洁　容强　陈贞　唐坤剑/主编

中国青年出版社
CHINA YOUTH PRESS

中青雄狮

侵权举报电话

全国"扫黄打非"工作小组办公室　　　　中国青年出版社

010-65233456　65212870　　　　　　010-50856028

http://www.shdf.gov.cn　　　　　　　　E-mail: editor@cypmedia.com

图书在版编目（CIP）数据

中文版SketchUp Pro 2015艺术设计实训案例教程 / 汪振泽等主编.
— 北京: 中国青年出版社，2016.3（2022.1 重印）
ISBN 978-7-5153-4053-1
I.①中… II.①汪… III.①建筑设计-计算机辅助设计-应用软件-教材 IV.①TU201.4
中国版本图书馆CIP数据核字（2016）第019441号

中文版SketchUp Pro 2015艺术设计实训案例教程
汪振泽　李娜　肖洁　容强　陈贞　唐坤剑 / 主编

出版发行：🐻 中国青年出版社
地　　址：北京市东四十二条21号
邮政编码：100708
电　　话：（010）50856188 / 50856199
传　　真：（010）50856111
企　　划：北京中青雄狮数码传媒科技有限公司

策划编辑：张　鹏
责任编辑：刘冰冰
封面设计：彭　涛　吴艳蜂

印　　刷：北京瑞禾彩色印刷有限公司
开　　本：787×1092　1/16
印　　张：14
版　　次：2016 年 6 月北京第 1 版
印　　次：2022 年 1 月第 5 次印刷
书　　号：ISBN 978-7-5153-4053-1
定　　价：49.80元（附赠语音视频教学+案例素材文件+PPT课件）

本书如有印装质量等问题，请与本社联系　电话：（010）50856188 / 50856199
读者来信：reader@cypmedia.com
如有其他问题请访问我们的网站：http://www.cypmedia.com.cn

PREFACE

中文版
SketchUp Pro 2015
艺术设计实训案例教程

前 言

首先，感谢您选择并阅读本书。

SketchUp是一款直接面向设计方案创作过程的设计工具，其创作过程可以充分表达设计师的思想，满足与客户即时交流的需要，使设计师可以在电脑上进行十分直观的构思。同时，正是因为它所具有的简洁的操作界面，便捷的推拉功能，可以让初学者在短时间内掌握，因此受到了广大用户的追捧。目前，该设计软件的应用领域已涉及建筑、规划、园林、景观、室内以及工业设计等多个方面。

本书以最新版的SketchUp 2015为写作基础，以"理论＋实例"的形式对SketchUp的知识进行了阐述，书中更加突出强调知识点的实用性。书中每一个模型的制作均给出了详细的操作步骤，同时还贯穿了作者在实际工作中得出的实战技巧和经验。参与编写本书的老师均是富有经验的一线教师和设计人员，最终目的就是让读者所学即所用。换句话说，就是要"授人以渔"，让读者不仅可以掌握这款三维建模软件的使用方法，还能利用它独立完成建筑效果图的创作。

本书内容概述

章 节	内 容
Chapter 01	主要介绍了SketchUp 2015的应用范围、工作界面、视图操作以及对象的选择等内容
Chapter 02	主要介绍了基本绘图工具的使用方法与应用技巧，包括绘图工具、编辑工具、建筑施工工具等
Chapter 03	主要介绍了组工具、实体工具、沙盒工具、相机工具等高级工具的应用方法
Chapter 04	主要介绍了物体的显示、材质的创建、贴图的应用、光影效果的设置等内容
Chapter 05	主要介绍了SketchUp的导入与导出功能，从而体现出与其他绘图软件的交互应用
Chapter 06	主要介绍了几种常见模型的创建方法，如书架、桌椅、植物等
Chapter 07～10章	以综合案例的形式依次介绍了居室轴测图、乡村别墅模型、夏日度假别墅场景、小区景观规划图的制作方法与技巧

适用读者群体

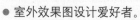

本书既可作为了解SketchUp 2015各项功能和最新特性的应用指南，又可作为提高用户设计和创新能力的指导用书。本书适用于以下读者：

● 室内外效果图制作人员与学者；

● 建筑设计人员；

● 大中专院校相关专业师生与培训班学员；

● 室外效果图设计爱好者。

赠送超值资料

为了帮助读者更加直观地学习本书，特附网盘下载地址，包含如下学习资料：

● 书中全部实例的素材文件，方便读者高效学习；

● 书中实例文件，以帮助读者加强练习，真正做到熟能生巧；

● 语音教学视频，手把手教你学，扫除初学者对新软件的陌生感。

下载地址：
https://yunpan.cn/cx38YvADdYgyt
访问密码：d30b

本书由艺术设计专业一线教师所编写，全书在介绍理论知识的过程中，不但穿插了大量的图片进行佐证，还以上机实训作为练习，从而加深读者的学习印象。由于编者能力有限，书中不足之处在所难免，敬请广大读者批评指正。

编 者

CONTENTS

中文版
SketchUp Pro 2015
艺术设计实训案例教程

目　录

Part 01　基础知识篇

Chapter **01** SketchUp 2015 轻松入门

Chapter 02 SketchUp 的基本操作

Chapter 03 SketchUp 的高级操作

中文版SketchUp Pro 2015艺术设计实训案例教程

Chapter 04 场景效果处理

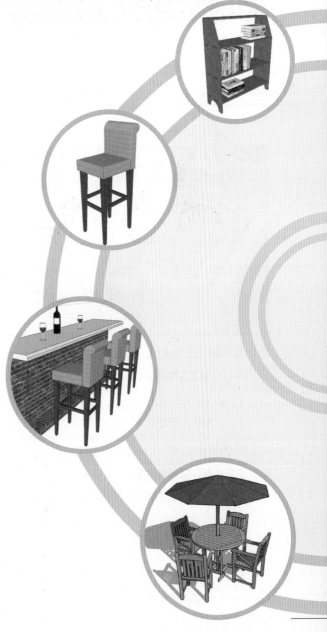

Chapter 05 文件的导入与导出

目录

Part 02 综合案例篇

Chapter 06 常用基本模型的制作

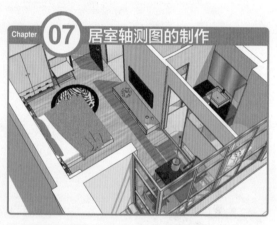

Chapter 07 居室轴测图的制作

Chapter 08 乡村别墅模型的制作

中文版SketchUp Pro 2015技术设计实训案例教程

Chapter **09** 夏日度假别墅场景的制作

Chapter **10** 小区景观规划图的制作

01

基础知识篇

前5章是基础知识篇，主要对SketchUp Pro 2015各知识点的概念及应用进行详细介绍，熟练掌握这些理论知识，将为后期综合应用中大型案例的学习奠定良好的基础。

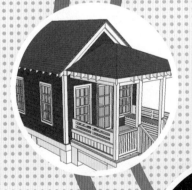

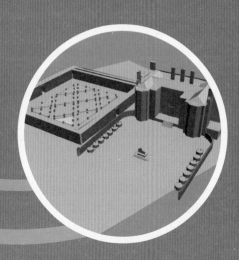

Chapter 01 SketchUp 2015轻松入门

本章概述

SketchUp是一款功能强大的辅助绘图工具，利用它可以简单便捷地建构、显示、编辑三维建筑模型，同时，还能够导出透视图、DWG或DXF格式的2D向量文件等平面图形。本章将对SketchUp软件的应用领域、工作界面，以及工作环境的设置等内容进行介绍。

核心知识点

❶ SketchUp的应用领域
❷ SketchUp工作环境的设置
❸ SketchUp的视图操作
❹ 物体对象的选择

1.1 初识SketchUP

SketchUp也就是我们常说的"草图大师"，它是一款令人惊奇的设计工具，能够给建筑设计师带来边构思边表现的体验，而且产品打破建筑师设计思想表现的束缚，快速形成建筑草图，创作建筑方案。因此，有人称它为建筑创作上的一大革命。

1.1.1 SketchUp简介

对于SketchUp的运用，通常我们会结合3ds Max、VRay或者Lumion等软件或插件制作建筑方案、景观方案、室内方案等。SketchUp之所以能够快速、全面地被室内设计、建筑设计、园林景观、城市规划等诸多设计领域设计者接受并推崇，主要有以下几种区别于其他三维软件的特点。

1. 直观地显示效果

在使用SketchUp进行设计创作时，可以实现"所见即所得"，在设计过程中的任何阶段都可以作为直观的三维成品来观察，并且能够快速切换不同的显示风格。摆脱了传统绘图方法的繁重与枯燥，可以与客户进行更直接、有效地交流。

2. 建模高效快捷

SketchUp提供三维的坐标轴，这一点和3ds Max的坐标轴相似，但是SketchUp坐标轴有个特殊功能，就是在绘制草图时，只要稍微留意一下跟踪线的颜色，即可准确定位图形的坐标。SketchUp"画线成面，推拉成体"的操作方法极为便捷，在软件中不需要频繁地切换视图，应用智能绘图工具（如平行、垂直、量角器等），在三维界面中轻松地绘制出二维图形，然后直接推拉成三维立体模型。

3. 材质和贴图使用更便捷

SketchUp拥有自己的材质库，用户可以根据自己的需要赋予模型各种材质和贴图，并且能够实时显示出来，从而直观地看到效果。同时，SketchUp还可以直接用Google Map的全景照片来进行模型贴图，这样对制作类似于"数字城市"的项目来讲，是一种提高效率的方法。材质确定后，可以方便地修改色调，并直观地显示修改结果，避免反复的试验过程。

4. 全面的软件支持与互转

SketchUp虽称"草图大师"，但其功能不只局限于方案设计的草图阶段。它不但能在模型的建立上满足建筑制图高精确度的要求，还能完美结合VRay、Piranesi、Artlantis等渲染器实现多种风格的表现效果。此外，SketchUp与AutoCAD、3ds Max、Revit等常用设计软件可以进行十分快捷的文件转换互用。

1.1.2 SketchUp的应用领域

SketchUp的运用领域除了室内设计、室外景观设计及建筑设计之外，还包括产品工业造型、游戏角色和游戏场景开发等领域，如下图所示。

室内场景效果

建筑场景效果

景观园林场景效果

城市规划场景效果

1.2　SketchUp 2015工作界面

　　SketchUp以简易明快的操作风格在三维设计软件中占有一席之地，其界面非常简洁，初学者很容易上手。当软件正确安装后，启动SketchUp应用程序，首先出现的是SketchUp 2015的启动界面，如下左图所示。

　　SketchUp中有很多模板可以选择，如下右图所示。使用者可以根据自己的需求选择相应的模板进行设计建模。选择好合适的模板后，单击"开始使用SketchUp"按钮，即可进入SketchUp 2015的工作界面。

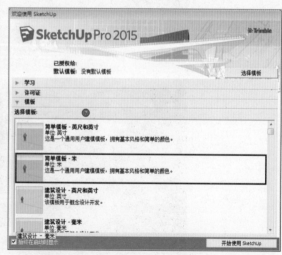

　　SketchUp 2015的设计宗旨是简单易用，其默认工作界面也十分简洁，界面主要由标题栏、菜单栏、工具栏、状态栏、数值控制栏以及中间的绘图区构成，如下图所示。

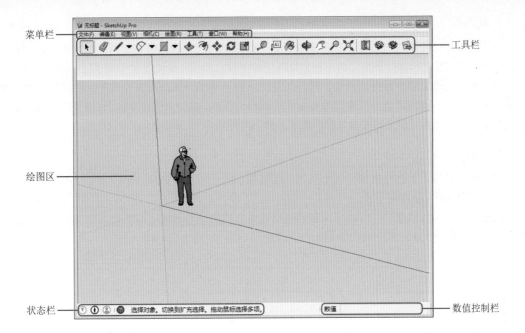

菜单栏 —————————————————————— 工具栏

绘图区 —————

状态栏 ————— 选择对象。切换到扩充选择。拖动鼠标选择多项。 数值 —————— 数值控制栏

1. 标题栏

标题栏位于绘图窗口的顶部，其右端包含三个常见的控制按钮，即最小化、最大化、关闭按钮。用户启动SketchUp后，标题栏中当前打开的文件名为"无标题"时，系统将显示空白的绘图区，表示用户尚未保存自己的作业。

2. 菜单栏

菜单栏显示在标题栏下方，提供了大部分的SketchUp工具、命令和相关设置，由"文件"、"编辑"、"视图"、"相机"、"绘图"、"工具"、"窗口"、"帮助"8个菜单构成，每个主菜单都可以打开相应的子菜单，如下左图所示。

3. 工具栏

工具栏是浮动窗口，用户可随意摆放。默认状态下SketchUp仅有横向工具栏，主要包括"绘图"、"测量"、"编辑"等工具组按钮。另外，通过执行"视图>工具条"命令，在打开的"工具栏"对话框中也可以调出或者关闭某个工具栏，如下右图所示。

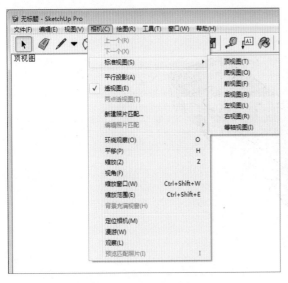

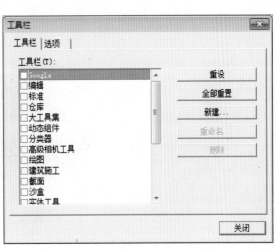

4. 状态栏

状态栏位于绘图窗口的下面，左端是命令提示和SketchUp的状态信息，用于显示当前操作的状态，也会对命令进行描述和操作提示。其中包含地理位置定位、归属、登陆及显示/隐藏工具向导四个按钮。

状态栏的信息会随着鼠标的移动、操作工具的更换及操作步骤的改变而改变，是对命令的描述，显示操作工具名称和操作方法。当操作者在绘图区进行任意操作时，状态栏就会出现相应的文字提示，根据这些提示，操作者可以更加准确地完成操作，如下左图所示。

5. 数值控制栏

数值控制栏位于状态栏右侧，用于在用户绘制内容时显示尺寸信息。用户也可以在数值控制栏中输入数值，以操纵当前选中的视图。

在进行精确模型创建时，可以应用键盘直接在输入框内输入长度、半径、角度、个数等数值，以准确指定所绘图形的大小，如下右图所示。

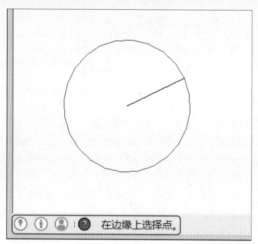 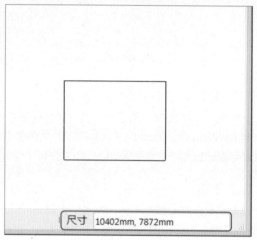

6. 绘图区

绘图区占据了SketchUp工作界面的大部分空间，与Maya、3ds Max等大型三维软件的平面、立面、剖面及透视多视口显示方式不同，SketchUp为了界面的简洁，仅设置了单视口，通过对应的工具按钮或快捷键快速地进行各个视图的切换，有效节省了系统显示的负荷。

通过SketchUp独有的剖面工具还能快速实现下图的剖面效果。

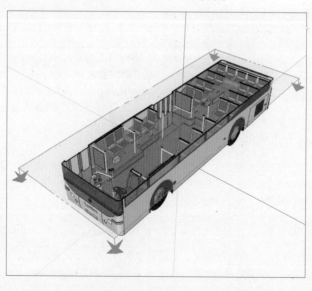

1.3 工作环境的设置

通常，用户喜欢打开软件后就开始进行图形绘制，其实这种方法是错误的。大多数工程设计软件（如3ds Max、AutoCAD、ArchiCAD、MicroStation等），默认情况下都是以美制单位作为绘图基本单位，因此绘图的第一步应该是进行绘图环境的设置。

用户可以根据自己的操作习惯来设置SketchUp的绘图单位、工具栏、快捷键等绘图环境，从而有效地提高工作效率。

1.3.1 自定义快捷键

SketchUp为一些常用工具设置了默认快捷键，常用绘图工具名称右侧都有快捷键，如下左图所示。用户也可以自定义快捷键，以符合个人的操作习惯，操作步骤如下：

01 单击"窗口"菜单，在弹出的列表中执行"系统设置"命令，如下右图所示。

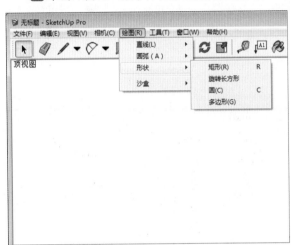
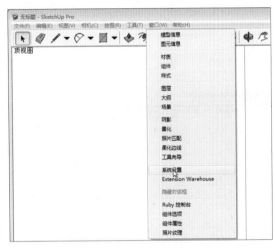

02 打开"系统设置"对话框，在左侧列表框中选择"快捷方式"选项，即可在右侧进行自定义快捷键操作，如右图所示。

03 输入快捷键后，单击"添加"按钮即可。如果该快捷键已经被其他命令占用，系统将会弹出右图的提示框，此时单击"是"按钮即会代替原有的快捷键。

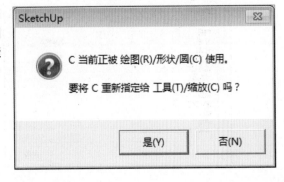

下面将对SketchUp 2015常见的快捷键设置进行介绍，具体如下表所示。

名称	图标	快捷键	名称	图标	快捷键	名称	图标	快捷键
线段		L	漫游		W	平行偏移		O
圆弧		A	透明显示		ALT+	量角器		V
多边形		N	消隐显示		ALT+2	尺寸标注		D
选择		空格键	贴图显示		ALT+4	三维文字		SHIFT+Z
橡皮擦		E	等角透视		F2	视图平移		H
移动		M	前视图		F4	充满视图		SHIFT+
缩放		S	左视图		F6	回到下个视图		F9
路径跟随		J	矩形		B	绕轴旋转		K
测量		Q	圆		C	添加剖面		P
文字标注		T	不规则线段		F	线框显示		ALT+1
坐标轴		Y	油漆桶		X	着色显示		ALT+3
视图旋转		鼠标中键	定义组件		G	顶视图		F3
视图缩放		Z	旋转		R	后视图		F5
回复上个视图		F8	推拉		U	右视图		F7

提示▶删除快捷键

如果要删除已经设置好的快捷键，只需要在"系统设置"对话框中选择已指定的快捷键，单击"删除"按钮即可，如右图所示。

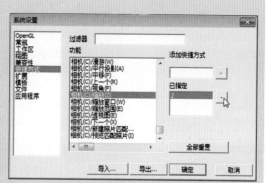

1.3.2 自定义工具栏

为了提高绘图效率，用户可以根据需要把不同的工具摆放在自己习惯的位置，下面将对工具栏的自定义操作进行介绍。

01 执行"视图>工具栏"命令，打开"工具栏"对话框，如下左图所示。在"工具栏"列表框中选择需要的工具栏选项，如下右图所示。

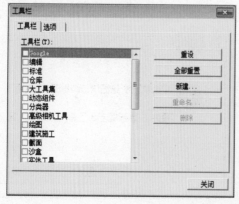
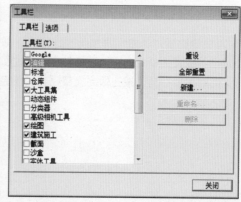

02 关闭"工具栏"对话框，返回到工作界面，可以看到被调出的工具栏，如下左图所示。除了系统中原有的工具栏，用户还可以根据自己的绘图习惯创建自定义的工具栏，则再次打开"工具栏"对话框，单击"新建"按钮，如下右图所示。

 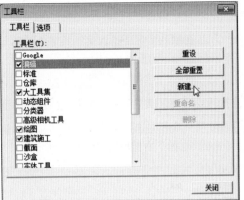

03 在弹出的"工具栏名称"文本框中输入"自定义"文本，如下左图所示。单击"确定"按钮，在"工具栏"对话框中会自动增加"自定义"选项，在界面中也会增加一个空白的"自定义"工具栏，如下右图所示。

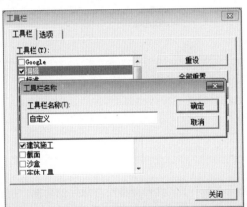 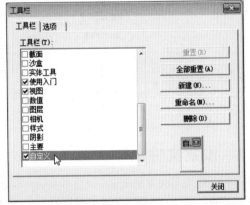

04 调整"自定义"工具栏到合适位置，在左侧工具栏列表框中选择需要的工具，这里选择矩形工具，按住鼠标左键将其拖曳到"自定义"工具栏中，如下左图所示。继续拖动其他工具到"自定义"工具栏中，完成"自定义"工具栏的创建，同时所拖动的工具将会从左侧工具箱中消失，如下右图所示。

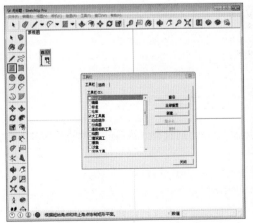 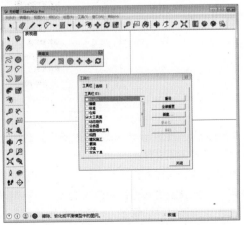

1.3.3　设置场景单位

SketchUp在默认情况下是以美制英寸为绘图单位,而我国设计规范均以毫米(米制)为单位,精度则通常保持为0mm。因此在使用SketchUp绘图时,第一步就应该将系统中的单位调整好,具体操作步骤如下:

01 执行"窗口>模型信息"命令,打开"模型信息"对话框,如下左图所示。

02 在左侧列表框中选择"单位"选项,在右侧的面板中设置单位格式为"十进制",单位为mm,精确度为"0mm",如下右图所示。

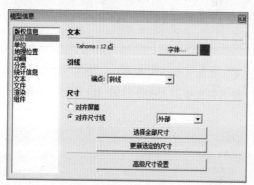

1.3.4　设置文件自动保存

为了防止断电等突发情况造成文件的丢失,SketchUp提供了文件自动备份与保存的功能,执行"窗口>系统设置"命令,打开"系统设置"对话框,选择"常规"选项,在右侧的面板中进行相应的设置。

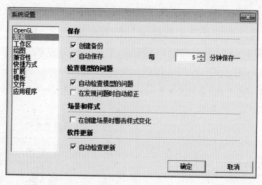

- **创建备份**:提供创建.skb格式的备份文件,当出现意外情况时可以将备份文件的后缀名改为.skp,即可打开还原文件。
- **自动保存**:勾选该复选框,将以后面设置的间隔时间进行自动保存。
- **自动检查模型的问题**:勾选该复选框,将自动检测模型在加载或保存时的错误。
- **在发现问题时自动修正**:勾选该复选框,可以在不提供提示信息自动修复所发现的错误。

1.3.5 选择与调用模板

在SketchUp中绘图时，用户可以直接调用已经设置了绘图环境的模板来直接绘图。关于模板的选择有两种方法，具体介绍如下：

方法一：在欢迎界面中选择

在软件的欢迎界面中单击"选择模板"扩展按钮，在列表中选择系统设定好的或者自定义模板皆可，如下左图所示。

方法二：通过"系统设置"对话框设置

在软件操作界面中，执行"窗口＞系统设置"命令，在弹出的"系统设置"对话框中选择模板，如下右图所示。可以看到，"系统设置"对话框中的模板列表与欢迎界面中的模板是一致的。

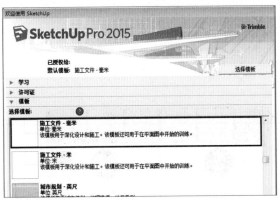
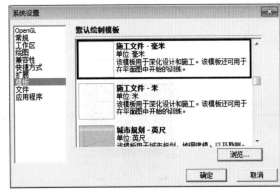

提示 自定义模板文件

如果系统默认的模板难以满足需求，用户可以自行设置绘图环境，并保存为模板文件，以便于今后随时调用，其具体操作步骤如下：

01 执行"文件＞另存为模板"命令，打开"另存为模板"对话框，输入模板名称以及文件名，勾选"设为预设模板"复选框，再单击"保存"按钮，如右图所示。

02 设置完成后，关闭SketchUp应用程序，再重新打开SketchUp，在开启界面中即可选择之前保存的模板文件。

1.4 SketchUp视图操作

在使用SketchUp时，会频繁地对当前的视图方式进行调整（如切换视图、缩放视图、平移视图等），以确定模型的创建位置或观察当前模型的细节效果。因此，熟练地对视图进行操控是掌握SketchUp其他功能的前提。

1.4.1 切换视图

设计师在三维作图时经常要进行视图间的切换，在SketchUp中切换视图主要是通过视图工具栏中的6个视图按钮进行快速切换的，如右图所示。单击其中的按钮即可切换到相应的视图，依次为等轴视图、俯视图、前视图、右视图、后视图、左视图，如下图所示。

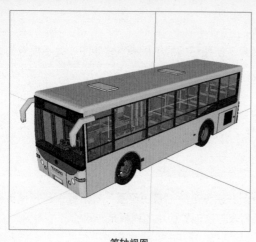

等轴视图

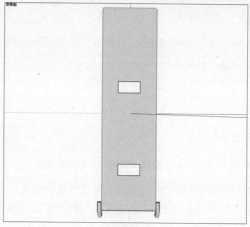

俯视图

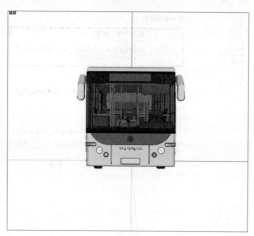

前视图

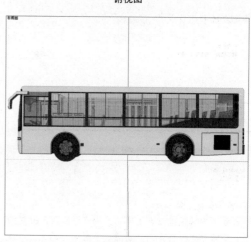

右视图

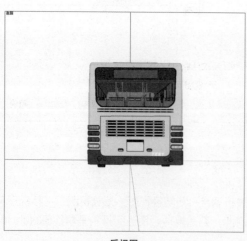

后视图

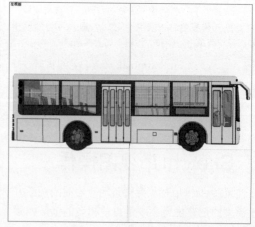

左视图

　　由于计算机屏幕观察模型的局限性，为了达到三维精确作图的目的，必须转换到最精确的视图窗口操作，设计者往往会根据需要即时调整视口到最佳状态，这时对模型的操作才最准确。

提示 ▶ 查看投影效果

SketchUp默认设置为透视显示，因此得到的平面与立面视图都非绝对的投影效果，执行"相机＞平行投影"命令，可得到绝对的投影视图。

1.4.2 旋转视图

在介绍旋转视图之前，需要先向大家介绍有关三维视图的两个类别，即透视图与等轴视图。

透视图是模拟人的视觉特征，使图形中的物体有"近大远小"的消失关系，如下左图所示。而等轴视图虽然是三维视图，但是距离视点近的物体与距离视点远的物体大小显示是一样的，如下右图所示。

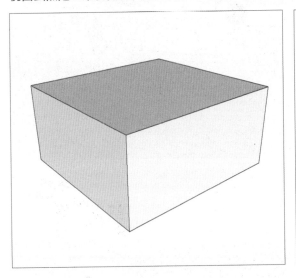
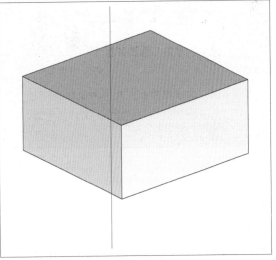

在任意视图中旋转模型，可以快速观察各个角度的效果，"镜头"工具栏中提供了"绕轴观察"命令。旋转三维视图有两种方法：

第一种是直接单击工具栏中的"绕轴观察"按钮，直接旋转屏幕以达到观测的角度；

第二种是按住鼠标中键不放，在屏幕上转动视图以达到观测的角度，如下图所示。

1.4.3 缩放视图

通过缩放工具可以调整模型在视图中的显示大小，从而进行整体效果或局部细节的观察。

1. "实时缩放"工具

"实时缩放"用于调整整个模型在视图中的大小。单击"镜头"工具栏中的"实时缩放"按钮，按住鼠标左键不放，从屏幕下方往上方移动是扩大视图，从屏幕上方往下方移动是缩小视图，下图分别为原始视图、缩小视图及扩大视图。

提示 快速缩放有妙招

默认设置下"实时缩放"的快捷键为Z，用户也可以前后
滚动鼠标滚轮，进行缩放操作。

2."窗口缩放"工具

通过"窗口缩放"可以划定一个显示区域，位于划定区域内的模型将在视图内最大化显示，如下左
图所示。单击"镜头"工具栏中的"窗口缩放"按钮，然后在视图中划定一个区域即可进行缩放，如下
右图所示。

3. "充满视图"工具

"充满视图"工具可以快速地将场景中所有可见模型以屏幕中心为中心进行最大化全景显示。其操作步骤也非常简单，单击"镜头"工具栏中的"充满视图"按钮即可，设置前后的效果如下图所示。

 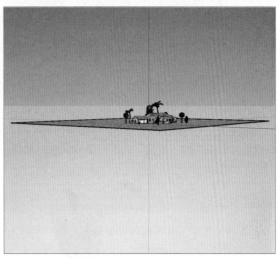

1.4.4　平移视图

"平移"工具可以保持当前视图内模型显示大小比例不变，整体拖动视图进行任意方向的移动，以观察当前未显示在视窗内的模型。

单击"镜头"工具栏中的"平移"按钮，当视图中出现抓手图标时，拖动鼠标即可进行视图的平移操作，下图为将原始场景向左平移和向右平移后的效果。

 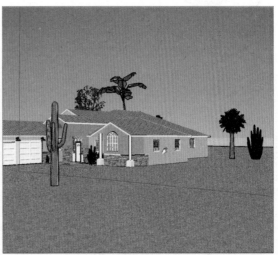

提示 平移视图的键盘操作方法
按住键盘上Shift键的同时按住鼠标中键，也可以进行视图的平移操作。

1.4.5　撤销、返回视图工具

在进行视图操作时，难免会出现错误操作，这时使用"相机"工具栏中的"上一个"按钮🔍或"下一个"按钮🔍，即可进行视图的撤销与返回，如右图所示。

1.5　物体对象的选择

SketchUp是一个对模型对象进行操作的软件，即首先创建简单的模型，然后选择模型进行深入细化等后续工作，因此在工作中能否快速、准确地选择目标对象，对工作效率有着很大的影响。SketchUp常用的选择方式有"一般选择"、"框选与叉选"及"扩展选择"三种。

1.5.1　一般选择

SketchUp中的选择操作，可以通过单击工具栏中的"选择"按钮或者直接按键盘上的空格键来激活，操作步骤如下：

01 打开下左图的模型文件，该模型为一个由多个构建组成的自行车。单击"选择"按钮，或者直接按键盘上的空格键，激活"选择"工具，此时在视图内将出现一个箭头图标，如下右图所示。

02 此时在模型对象上任意位置单击，均可将其选择，这里选择座垫，可以看到被选择的对象以高亮显示，区别于其他对象，如下左图所示。选择一个对象后，若要继续选择其他对象，则首先要按住Ctrl键不放，当视图中的光标变成 时，再单击下一个目标对象，即可将其加入选择，如下右图所示。

 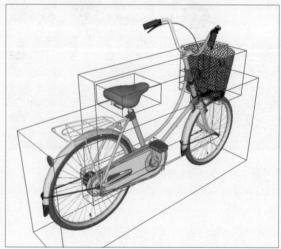

1.5.2　框选与叉选

"框选"是指在激活"选择"工具后，使用鼠标从左至右划出下左图的实线选择框，被该选择框包围的对象将会被选择，如下右图所示。

"叉选"是指在激活"选择"工具后，使用鼠标从右到左画出下左图的虚线选择框，全部或者部分位于选择框内的对象都将被选择，如下右图所示。

选择完成后，单击视图中的任意空白处，将取消当前所有选择。如果想选择全部对象，则可以按Ctrl+A组合键进行全选。

1.5.3　扩展选择

在SketchUp中，"线"是最小的可选择单位，"面"则是由"线"组成的基本建模单位，通过扩展选择，可以快速选择关联的面或线。

- 用鼠标单击某个"面"，则这个面会被单独选中；
- 用鼠标双击某个"面"，则与这个面相关的"线"也将被选中；
- 用鼠标三击某个"面"，则与这个面相关的其他"面"、"线"都将被选中。

提示 选择对象时右键菜单的应用

在选择的对象上单击鼠标右键，在弹出的快捷菜单中选择"选择"命令，在其子菜单中即可进行"边界边线"、"连接的面"、"连接的所有项"的选择，如下图所示。

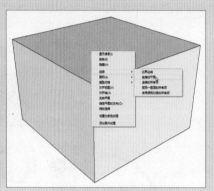
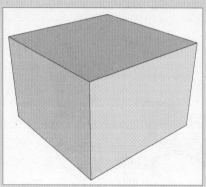

知识延伸：设置场景坐标

SketchUp也使用坐标系来辅助绘图，其中绿色的坐标轴代表x轴向，红色的坐标轴代表y轴向，蓝色的代表z轴向，z轴垂直于水平面。其中实线轴为坐标轴正方向，虚线轴为坐标轴负方向。用户可根据需要，对默认坐标轴的原点、轴向进行更改，操作步骤如下：

01 激活轴工具，重新定义系统坐标，可以看到此时屏幕中的鼠标指针变成了一个坐标轴，将鼠标移动到所需位置，如下左图所示。单击确定原点位置，再移动鼠标，确认红色y轴的方向，如下右图所示。

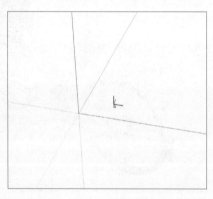
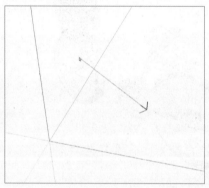

02 单击确定红色y轴方向，再移动鼠标确定绿色x轴的方向，如下左图所示。单击确认即可完成坐标轴的创建，如下右图所示。

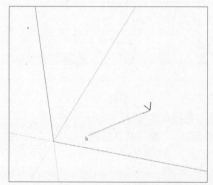

上机实训：自动保存与备份设置

学习完本章的内容后，再来掌握一个必备的技能，即设置文件的自动保存与备份，具体步骤如下：

步骤 01 单击"窗口"命令，在弹出的快捷菜单中选择"系统设置"命令，如右图所示。

提示 ▶ 区分创建备份与自动保存

创建备份与自动保存是两个概念，如果只勾选"自动保存"复选框，则数据将直接保存在已经打开的文件上。只有同时勾选"创建备份"复选框，才能够将数据另存在一个新的文件上，这样，即使打开的文件出现损坏，还可以使用备份文件。

步骤 02 打开"系统设置"对话框，在左侧列表框中选择"常规"选项，在右侧面板中勾选"创建备份"和"自动保存"复选框，并设置自动保存时间，如右图所示。

步骤 03 在左侧列表框中选择"文件"选项，在右侧面板中单击"模型"后的"设置路径"按钮，如下图所示。

步骤 04 打开"浏览文件夹"对话框，从中选择自动备份的文件路径，如下图所示。设置完成后，逐一确认上述设置操作即可。

课后练习

1. 选择题

(1) 视图风格有_____种。

    A. 3   B. 4   C. 5   D. 6

(2) 旋转视图时，除了使用"环绕观察"工具，还可以按_____键进行旋转。

    A. Ctrl   B. 鼠标中键   C. Alt   D. Shift

(3) 空格键是_____工具的激活方式。

    A. 删除   B. 选择   C. 矩形   D. 推拉

(4) 按住_____键，进行透视角度缩放。

    A. Ctrl   B. Alt   C. Shift   D. Enter

(5) 以下快捷键中不正确的是_____。

    A. 圆弧工具S   B. 选择工具A   C. 偏移工具T   D. 推拉工具P

2. 填空题

(1) 在SketchUp软件中，分别用_____、_____、_____三个颜色的轴线代表空间的三个方向。

(2) 按住_____键选择工具变为增加选择，按住_____键选择工具变为减少选择，可以将实体添加到选集中_____。

(3) SketchUp的默认单位是_____，我国设计规范单位为_____。

(4) 场景单位有_____、_____、_____。

(5) 物体对象的选择包括_____、_____和_____三种。

3. 上机题

创建一个新文件并保存，为其自定义快捷键，再设置场景单位，如下图所示。

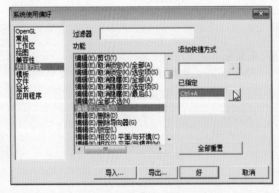
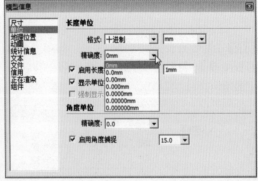

中文版SketchUp Pro 2015艺术设计实训案例教程

Chapter 02 SketchUp的基本操作

本章概述

在初步了解SketchUp的工作界面后，接下来学习最基础的绘图操作，其中包括绘图工具、编辑工具、建筑施工工具等的使用方法与应用技巧。通过对本章内容的学习，读者可以熟练掌握这些工具的使用方法，并能够准确地绘制出想要的图形。

核心知识点

❶ 绘图工具的应用

❷ 编辑工具的应用

❸ 建筑施工工具的应用

2.1 绘图工具

SketchUp的"绘图"工具栏中包含了"直线"、"手绘线"、"矩形"、"圆形"、"多边形"、"圆弧"和"扇形"7种二维图形绘制工具，如下图所示。

2.1.1 直线工具

直线工具可以用来绘制单段直线、多段连接线或者闭合的形状，或用来分割表面或修复被删除的表面等，下面将对直线工具的使用方法进行详细介绍。

1. 绘制一条直线

激活直线工具，单击确定直线段的起点，往画线的方向移动鼠标，此时在数值控制框中会动态显示线段的长度。用户可以在确定线段终点之前或画好直线后，在数值框内输入一个精确的线段长度值，也可以单击线段起点后移动鼠标，在线段终点处再次单击，绘制一条直线。

2. 创建表面

三条以上的共面线段首尾相连，可以创建一个表面。用户必须确定所有的线段都是首尾相连，在闭合的时候可以看到"端点"的工具提示，如下左图所示。创建完一个表面后，直线工具就空闲出来，但仍处于激活状态，此时用户可以继续绘制别的线段，如下右图所示。

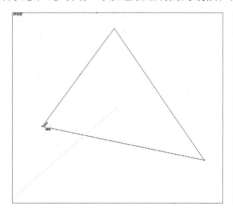
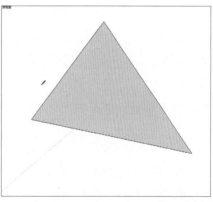

3. 分割线段

如果用户在一条线段上绘制直线，SketchUp会自动将原来的线段从新直线的起点处断开。例如，要将一条线分为两段，就以该线上的任意位置为起点，绘制一条新的直线，再次选择原来的线段时，即可发现该线段已经被分为两段，如下图所示。

 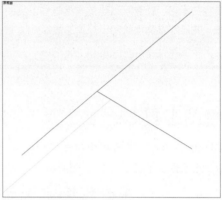

如果将新绘制的线段删除，则已有线段又重新恢复成一条完整的线段。

4. 分割平面

在SketchUp中，可以通过绘制一条起点和端点都在平面边线上的直线，来分割这个平面。在已有平面的一条边上选择一个点作为直线的起点并单击，再向另一条边上拖动鼠标，如下左图所示。选择好终点，单击即可完成直线的绘制，可以看到已有平面变成了两个，如下右图所示。

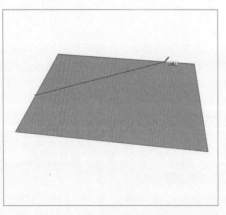 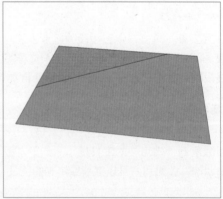

有时候，交叉线不能按照用户的需要进行分割。在打开轮廓线的情况下，所有不是表面周长一部分的线都会显示为较粗的线。如果出现这样的情况，用直线工具在该线上描绘一条新的线来进行分割，SketchUp就会重新分析几何图形并重新整合这条线。

5. 通过输入长度值绘制直线

在实际工作中，经常需要绘制精确长度的线段，这时可以通过在数值框中输入数值的方式来完成这类线段的绘制。

激活直线工具，待光标变成▱时，在绘图区单击，确定线段的起点。拖动鼠标移至线段的目标方向，然后在数值控制框中输入线段长度值，按下Enter键确定操作，再按Esc键即可完成该线段的绘制。

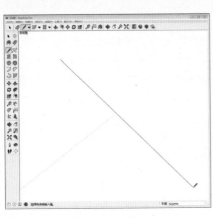 

6. 绘制与X、Y、Z轴平行的直线

在实际操作中，绘制正交直线，即与X、Y、Z轴平行的直线更有意义，因为不管是建筑设计还是室内设计，根据施工的要求，墙线、轮廓线和门窗线基本上都是相互垂直的。

激活直线工具，在绘图区选择一点，单击以确认直线的起始点。在屏幕上移动光标以对齐Z轴，当与Z轴平行时，光标旁边会出现"在蓝色轴线上"的提示字样，接着按住Shift键不放锁定平行于Z轴，移动光标直到直线的结束点，再次单击并按Esc键，完成与Z轴平行直线的绘制。

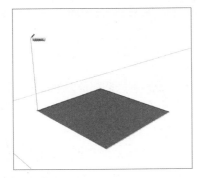 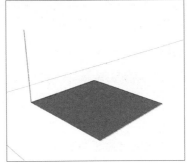

7. 直线的捕捉与追踪功能

与CAD相比，SketchUp的捕捉与追踪功能显得更简便、更易操作。在绘制直线时，多数情况下都需要使用到捕捉功能。

所谓捕捉就是在定位点时，自动定位到特殊点的绘图模式。SketchUp自动打开了3类捕捉方式，即端点捕捉、中点捕捉和交点捕捉，如下图所示。在绘制集合物体时，光标只要遇到这三类特殊的点，就会自动捕捉到，这是软件精确作图的表现之一。

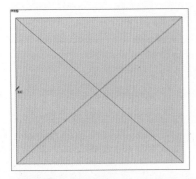 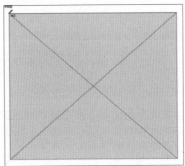 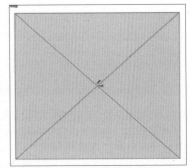

提示 如何精确绘图
SketchUp的捕捉与追踪功能是自动开启的，在实际工作中，精确作图的每一步要么用数值输入，要么就用捕捉功能。

8. 参考锁定

在绘图时，若SketchUp不能捕捉到用户需要的对齐参考点，有可能是捕捉的参考点受到别的几何体的干扰。这时，用户可以按住Shift键来锁定需要的参考点。例如，将鼠标移动到一个面上，待显示出"在表面上"的工具提示后，按住Shift键，则以后所绘制的线都会锁定在这个表面所在的平面上。

9. 等分线段

SketchUp中的线段可以等分为若干段。在线段上单击鼠标右键，在打开的快捷菜单中选择"折分"命令后，在线段上移动鼠标，系统会自动计算分段数量以及长度。

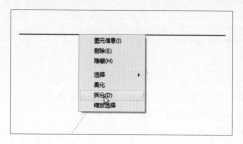 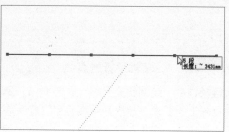

2.1.2 矩形工具

矩形工具通过定位两个对角点来绘制规则的平面矩形，并且自动封闭成一个面。单击"绘图"工具栏中的"矩形"按钮或者执行"绘图＞矩形"命令，均可激活该工具。

1. 绘制一个矩形

矩形的绘制很简单，在各三维建筑设计软件中，长方形房间大多都是先绘制出一个矩形，然后再拉伸成三维模型的。下面将通过具体的绘制操作，详细地介绍矩形工具的使用方法。

01 单击"绘图"工具栏中的"矩形"按钮，此时屏幕上的光标就会变成一只带着矩形的铅笔图标。

02 在屏幕上单击确定矩形的第一个角点，然后拖动鼠标至需要绘制的矩形的对角点上，如下左图所示。

03 在矩形的对角点位置单击，即可完成矩形的绘制，这时SketchUp将这四条位于同一平面的直线直接转换成了另一个基本的绘图单位——面，如下右图所示。

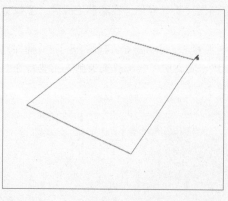 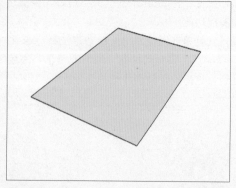

在绘制矩形时，如果长宽比满足黄金分割比率，则在拖动鼠标定位时，会在矩形中出现一条虚线表示的对角线，在鼠标指针旁会出现"黄金分割"的文字提示，如下左图所示，此时绘制的矩形满足黄金分割比，是最协调的。

如果长度宽度相同，矩形中同样会出现一条虚线对角线，鼠标指针旁会出现"正方形"的文字提示，如下右图所示，这时矩形为正方形。

中文版SketchUp Pro 2015艺术设计实训案例教程

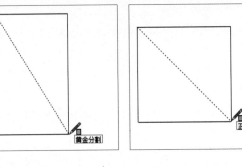

用户还可以使用在数值框中输入具体尺寸值的方法来绘制矩形，具体操作步骤如下：

01 激活矩形工具，在视图区定位矩形的第一个角点。

02 在屏幕上拖动鼠标，定位第二个角点，可以看到屏幕右下角的数值控制栏出现"尺寸"字样，表明此时用户可输入需要的矩形尺寸，输入矩形的长度和宽度值，这里输入"3000,2000"，如下左图所示。

03 按下Enter键即可完成矩形的创建，如下右图所示。

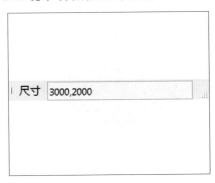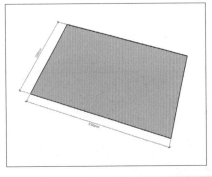

> **提示** **实际绘图技巧**
>
> 在数值控制栏中输入精确的尺寸来作图，是SketchUp建立模型非常常用的一种方法。例如，本案例中绘制的3000×2000的矩形实际就是一个3米长、2米宽的小房间，利用推拉工具将矩形向上拉伸3米，就完成了一个基本房间模型的创建。

2. 在已有的平面上绘制矩形

在学习完矩形的绘制后，接下来学习如何在已有的平面上绘制矩形。下面将以在长方体的一个面上绘制矩形为例进行介绍，具体的操作步骤如下：

01 激活矩形工具，将光标放在长方体的一个面上，当光标旁边出现"在表面上"的提示文字时，单击鼠标左键确定矩形的第一个角点，拖动鼠标，此时的图形在长方体的面上，如下左图所示。

02 确定好另一对角点，单击鼠标左键即可完成矩形的绘制，这时可以观察到矩形的一个面被分为了两个面，如下右图所示。

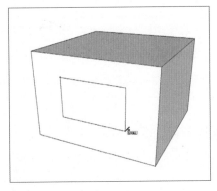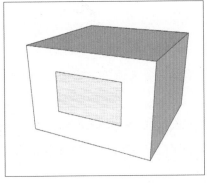

提示 对已有面进行分割的好处
在原有的面上绘制矩形可以完成对面的分割，这样做的好处是在分割之后的任一一个面上都可以进行三维操作，这种绘图方法在建模中经常用到。

3. 绘制非XY平面的矩形

在默认情况下，矩形的绘制是在XY平面中，这与大多数三维软件的操作方法一致。下面介绍如何将矩形绘制到XZ或者YZ平面中，其具体的操作步骤如下：

01 激活矩形工具，定位矩形的第一个角点。

02 拖动鼠标定位矩形的另一个对角点，注意此时在非XY的平面中定位。

03 找到正确的定位方向后，按住Shift键不放以锁定鼠标的移动轨迹，如下左图所示。

04 在需要的位置再次单击，完成此次XZ平面上矩形的绘制，可以看到在XZ平面上形成了一个面，如下右图所示。

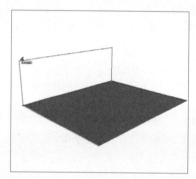 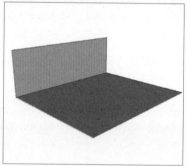

提示 三维视图的启用
在绘制非XY平面的矩形时，第二个对角点的定位非常困难，这时需要转成三维视图，以达到一个较好的观测角度。

4. 绘制非90°的矩形

接下来介绍应用旋转矩形工具在平面上绘制非90°矩形的操作方法，其工作原理是通过三个交点来绘制一个矩形平面。

01 激活旋转矩形工具，鼠标指针将会变成一个带着量角器的矩形工具图标，如下左图所示。

02 单击确定一点作为矩形的端点，沿红色轴向右移动鼠标，如下右图所示。

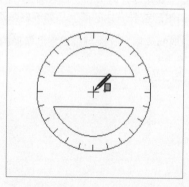 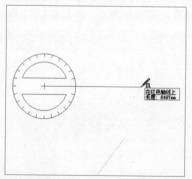

03 单击确认第二点位置后，继续移动鼠标，调整矩形尺寸及旋转角度，如下左图所示。

04 最后单击确认第三点位置，完成矩形的绘制，调整视角，即可观察到矩形在空间中的形态，如下右图所示。

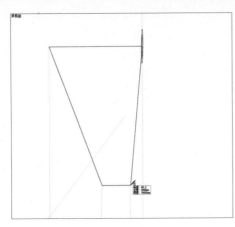
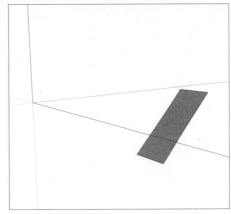

2.1.3 圆形工具

　　圆形作为一个几何形体，在各类设计中是出现较为频繁的构图要素。在SketchUp中，圆形工具可以用来绘制圆形以及生成圆形的"面"，下面将对其使用方法进行介绍。

01 激活圆形工具，此时光标会变成一只带圆圈的铅笔。

02 在绘图区选择一点作为圆心并单击，移动光标拉出圆的半径，如下左图所示。

03 确定半径长度后再次单击鼠标，完成圆的绘制，并自动形成圆形的"面"，如下右图所示。

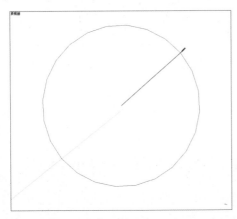
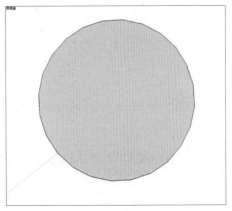

　　在SketchUp中的圆形实际上是由正多边形组成的，操作时并不明显，但是当导出到其他软件后就会发现问题。所以在SketchUp中绘制圆形时可以调整圆的片段数（即多边形的边数）。在激活圆形工具后，在数值控制栏中输入片段数，如8表示片段数为8，也就是此圆用正八边形来显示，16表示正十六边形，然后再绘制圆形。要注意，尽量不要使用片段数低于16的圆。

2.1.4 圆弧工具

　　圆弧和圆一样，都是由多个直线段连接而成的，圆弧是圆的一部分。在SketchUp中，圆弧包括圆弧、两点圆弧、三点画弧以及扇形四种绘制方式。

1. 圆弧

下面将介绍以圆心和圆弧上两点绘制圆弧的具体操作方法：

01 激活圆弧工具，此时光标会变成一只带量角器的圆弧铅笔，如下左图所示。

02 在绘图区中单击确定圆心位置，移动光标确定弧线一个端点的位置，如下左图所示。

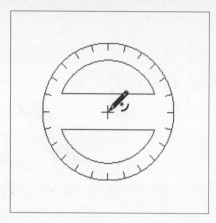 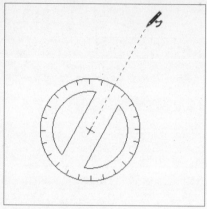

03 单击确定该点后，再移动光标确定第二点的位置，如下左图所示。

04 确定第二点端点的位置后，单击即可完成圆弧的绘制，如下右图所示。

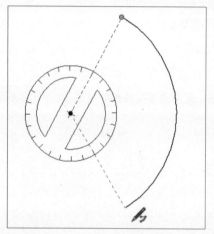 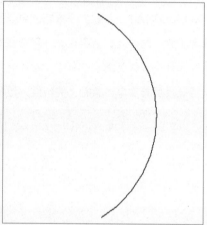

提示 精确绘制圆弧

用户若需要绘制大小精确的圆弧，可以通过在数值控制栏中输入半径值与角度值的方式进行圆弧的绘制。

2. 两点圆弧

下面将通过确定圆弧的起点、终点以及圆弧的凸起高度的位置来绘制圆弧，其具体的操作步骤如下：

01 激活两点圆弧工具，单击确定圆弧起点，移动光标至端点位置，如下左图所示。

02 单击确定端点，再移动光标指定圆弧高度，如下右图所示。

03 确定好圆弧高度，单击鼠标左键确定，即可完成圆弧的绘制。

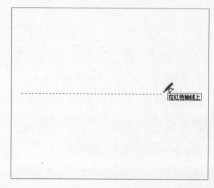 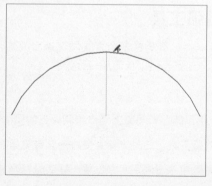

3. 三点画弧

三点画弧就是通过圆周上的三点绘制弧线。激活三点画弧工具后，逐步确定圆弧上三点的位置，即可完成圆弧的绘制。

4. 扇形

根据圆心和弧线上的两点，可以绘制封闭的扇形。激活扇形工具后，鼠标指针会变成一个带着扇形和量角器的图标，如下左图所示，其操作方式与圆弧工具相同，只是绘制出的图形是一个扇形的面，如下右图所示。

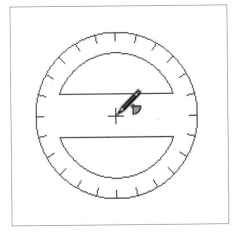 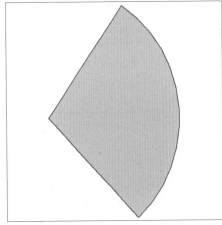

2.1.5 多边形工具

在SketchUp中使用多边形工具可以创建边数大于3的正多边形。前面已经介绍了圆与圆弧都是由正多边形组成的，所以边数较多的正多边形基本上就显示成圆形了。

创建正多边形的具体操作步骤如下：

01 激活多边形工具，在屏幕右下角的数值控制栏中输入边数10，按Enter键确认要绘制正十边形，如下左图所示。

02 单击确认正十边形的中心点，移动光标以确定半径（也可以在数值控制栏中输入半径值），如下右图所示。最后按Enter键确认操作，即可绘制出正十边形。

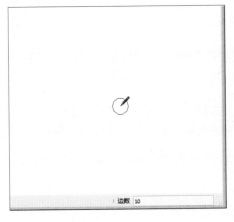 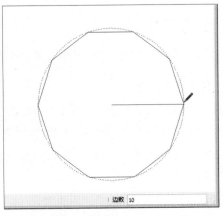

提示 多边形的绘制技巧

默认情况下，多边形是六边形，激活多边形工具后，鼠标指针会变成一个带着六边形的铅笔图标，在数值输入框中输入其他数据，按Enter键确认操作后，铅笔图标旁边的多边形就会改变边数。例如在数值输入框中输入8，铅笔图标旁边的正六边形就会变成正八边形。

2.1.6 手绘线工具

手绘线工具常用来绘制不规则、共面的曲线形体，如下图所示。激活手绘线工具，在视口中的一点单击并按住鼠标左键不放，移动光标以绘制所需要的曲线，绘制完毕后释放鼠标即可。

提示 手绘图形的注意事项

一般情况下很少用到手绘线工具，因为这个工具绘制曲线的随意性比较强，非常难掌握。建议操作者在Auto CAD中绘制好这样的曲线后，再导入到SketchUp中进行操作。将AutoCAD文件导入到SketchUp的方法在本书的后面章节中将进行介绍。

2.2 编辑工具

SketchUp的"编辑"工具栏包含了"移动"、"推拉"、"旋转"、"跟随路径"、"缩放"以及"偏移复制"6种工具，如下图所示。其中"移动"、"旋转"、"缩放"以及"偏移复制"4个工具是用于对对象位置、形态进行变换与复制，而"推拉"和"跟随路径"两个工具主要用于将二维图形转变成三维实体模型。

2.2.1 移动工具

在SketchUp中对物体的移动和复制都是通过移动工具完成的，只不过操作方法有所不同而已。

1. 点、线、面的移动

使用移动工具可以随意对点、线、面进行移动。移动时，与之相关的面会改变形状，从而实现相应的建模效果。下面介绍利用线的移动来创建一个简单的搓衣板造型，其具体的操作步骤如下：

01 激活矩形工具，绘制一个500×200的矩形平面。随后激活弧形工具，绘制两个半径为30的圆弧，如下左图所示。

02 删除图形中多余的线条，如下右图所示。

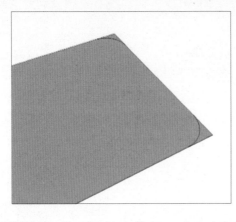
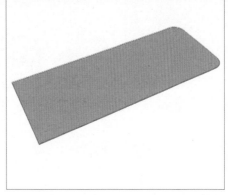

03 激活推拉工具，将面向上推出20，如下左图所示。

04 选择左侧边线，激活移动工具，按住Ctrl键向右依次进行移动复制操作，间隔为10，如下右图所示。

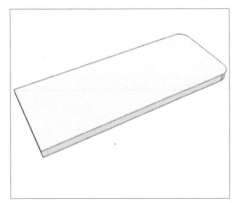
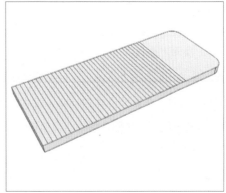

05 然后选择下左图的边线。

06 激活移动工具，向下移动到合适位置，至此完成洗衣板模型的制作，如下右图所示。

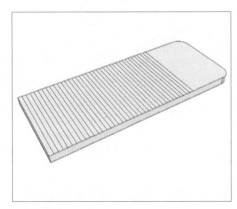

2. 移动物体

应用移动工具移动物体的方法也非常简单，具体操作如下：

01 选择需要移动的物体，此时该物体处于被选中状态。

02 激活移动工具，此时光标会变成一个四方向的箭头，单击物体，单击的点就是物体移动的起始点，向需要的方向移动光标，此时物体会跟随光标一起移动，如下图所示。

03 在目标点位置再次单击，即可完成对物体的移动。

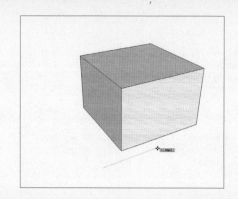

提示 准确移动物体

在作图时往往需要对进行精确距离的移动，移动物体时按住Shift键锁定移动方向后，在数值控制栏中输入需要移动的距离值，按Enter键确认操作，这时所选物体就会按照设定距离进行精确的移动。

3. 复制物体

复制物体的操作与移动物体类似，这里以复制三个立方体，相互之间的距离为200为例来介绍复制物体的方法，具体操作步骤如下：

01 选择需要进行复制的立方体，此时物体处于被选中状态。

02 激活移动工具，单击立方体的一点，该点就是物体移动的起始点，如下左图所示。

03 按住Ctrl键不放，向着需要移动的方向移动光标，此时的光标变成了一个带有＋号的四方向箭头，表明此时是在复制物体，如下右图所示。

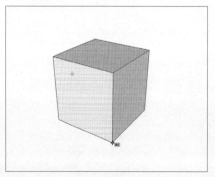 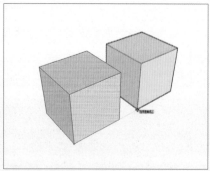

04 在屏幕右下角的数值控制栏中输入200，表明复制移动的距离为200，按Enter键确定复制操作，如下左图所示。

05 保持鼠标不动，在数值控制栏中输入"3*"，表明除原有物体外一共复制三个，按Enter键完成复制操作，如下右图所示。

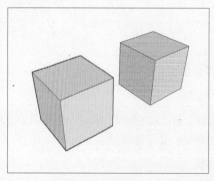 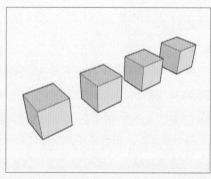

2.2.2　旋转工具

旋转工具用于旋转对象，可以对单个物体或者多个物体进行旋转，也可以对物体中的某一个部分进行旋转，还可以在旋转的过程中对物体进行复制。

1. 旋转对象

下面将介绍应用旋转工具对对象进行旋转的操作方法，具体如下。

01 打开模型，选择模型并激活旋转工具，如下左图所示。

02 单击确定旋转轴心，再移动光标到一个定位点，如下右图所示。

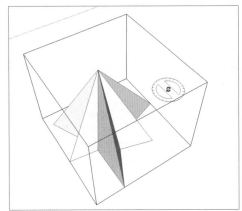 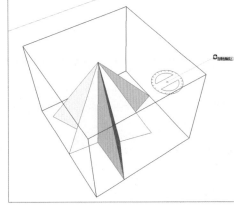

03 单击确定该点，再移动光标调整旋转角度，如下右图所示。

04 确认后单击，即可完成旋转操作，如下右图所示。

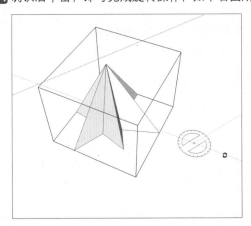 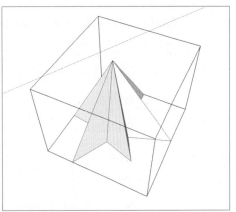

2. 旋转模型中的局部对象

除了对整个模型对象进行旋转外，还可以对已经分割的模型部分进行旋转，其操作步骤如下：

01 选择模型中要旋转的平面，激活旋转工具，选择一点作为轴心点，如下左图所示。

02 单击确认后移动光标，确认定位点，如下右图所示。

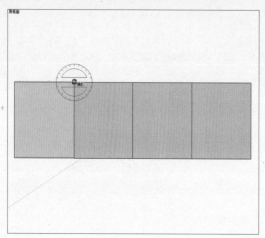 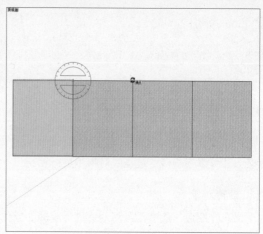

03 移动光标调整旋转角度，这时所选的面会随着光标的移动而发生变化，如下左图所示。

04 继续选择平面并进行旋转操作，将原有的图形变换形状，如下右图所示。

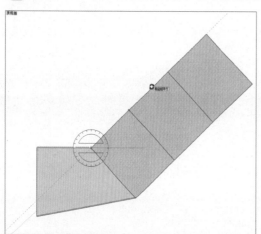 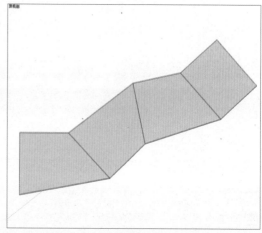

3. 旋转并复制对象

除了执行单纯的旋转操作外，还可以在旋转的同时复制物体，其具体操作步骤如下：

01 选择对象，激活旋转工具，选择坐标中心为轴心点，如下左图所示。

02 单击确认轴心点，沿绿色轴移动光标确定定位点，如下右图所示。

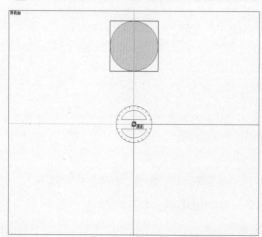 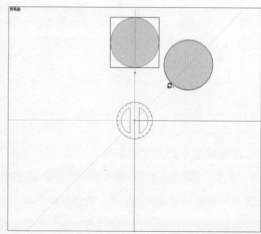

03 单击鼠标左键确认操作，然后按住Ctrl键不放，移动光标至需要的位置，所复制的新物体会随着光标移动，如下左图所示。

04 单击鼠标左键确认操作，完成一个物体的旋转复制。接着在屏幕右下角的数值控制栏中输入"5*"后，按Enter键确认输入，即可看到复制得到的其他五个物体，如下右图所示。

01
02
SketchUp的基本操作
03
04
05
06
07
08
09
10

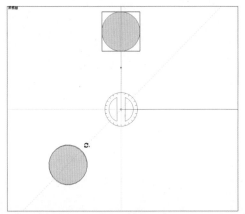
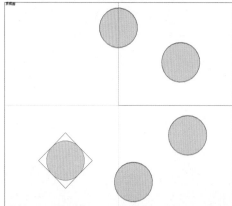

在旋转复制物体时，如果将复制的物体旋转到下左图的位置上，然后在数据控制栏中输入"/4"，则表明共复制4个物体，并且在原物体和新物体之间以四等分排列，下右图就是等分旋转复制后的效果。

提示 Shift键的妙用

在旋转时，定位旋转轴有时会比较困难，这时可以适当地调整视窗以方便观察与作图，如果量角器的角度正确了，可以按住Shift键不放，以锁定方向。

2.2.3 缩放工具

缩放工具主要用于对物体进行放大或缩小操作，可以是在X、Y、Z三个轴同时进行等比缩放，也可以是锁定任意两个或单个轴向的非等比缩放。

1. 等比缩放

下面应用缩放工具对三维物体等比缩放，具体操作方法如下：

01 选择需要缩放的物体，激活缩放工具，此时光标会变成缩放箭头，而三维物体被缩放栅格所围绕，如下左图所示。

02 将光标移动到对角点处，此时光标处会出现"等比缩放：以相对点为轴"的提示字样，表明此时的缩放为X、Y、Z 3个轴向同时进行的等比缩放，如下右图所示。

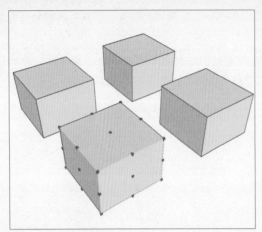 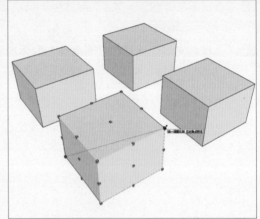

03 单击并按住鼠标左键不放，拖动光标，向下移动是缩小，向上移动是放大，当物体缩放到需要的大小时释放鼠标，结束缩放操作，右图为缩小后的效果。

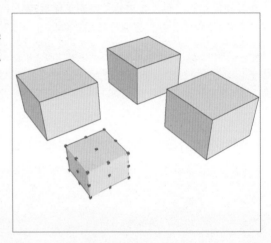

2. 非等比缩放

对三维物体锁定YZ轴（绿/蓝色轴）非等比缩放的操作，如下左图所示。

对三维物体锁定XZ轴（红/蓝色轴）非等比缩放的操作，如下右图所示。

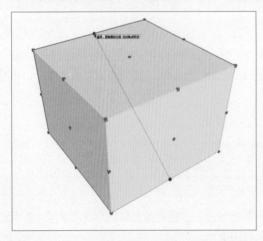 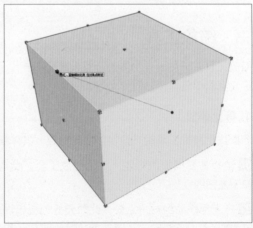

对三维物体锁定XY轴（红/绿色轴）非等比缩放的操作，如下左图所示。

对三维物体锁定单个轴向（以绿色轴为例）非等比缩放的操作，如下右图所示。

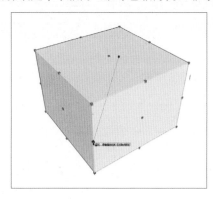 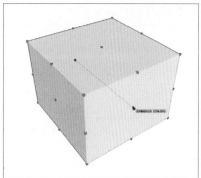

2.2.4 偏移工具

偏移工具可以将在同一平面中的线段或者面域沿着一个方向偏移统一的距离，并复制出一个新的物体。偏移的对象可以是面域、两条或两条以上首尾相接的线形物体集合、圆弧、圆或者多边形。

1. 面的偏移复制

下面将应用偏移工具对面的偏移复制操作进行详细介绍，具体如下。

01 选择需要偏移的矩形面域，激活偏移工具，此时屏幕上的光标变成两条平行的圆弧。

02 单击并按住鼠标左键不放，移动光标，可以看到面域随着光标的移动发生偏移，如下左图所示。

03 当移动到需要的位置时，释放鼠标左键，可以看到面域中又创建了一个长方形，并且由原来的一个面域变成了两个，如下右图所示。

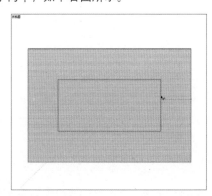 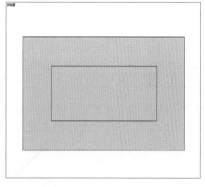

偏移工具对于任意造型的面均可以进行偏移操作，如下图所示。

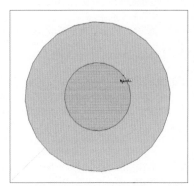 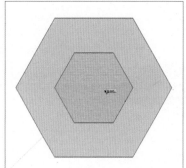 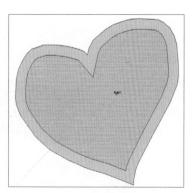

2. 线段的偏移复制

偏移工具无法对单独的线段以及交叉的线段进行偏移复制，当光标放置在这两种线段上时，光标会变成 形状，并且会有下图的提示。

 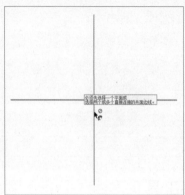

对于多条线段组成的转折线、弧线以及线段与弧形组成的线形，均可以进行偏移复制操作，如下图所示。具体操作方法与面的操作类似，这里不再赘述。

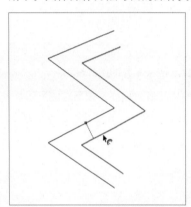 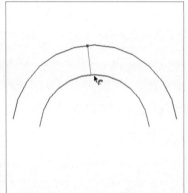 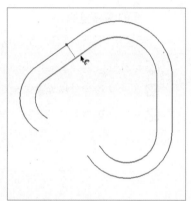

2.2.5　推拉工具

推拉工具是二维平面生成三维实体模型最常用的工具，该工具可将面拉伸成体，下面介绍具体操作步骤。

01 激活推拉工具，将鼠标移动到已有的面上，可看到已有的面会显示为被选中状态，如下左图所示。

02 单击鼠标左键并按住不放，拖动光标时，已有的面会随着光标的移动转换为三维实体模型，如下右图所示。

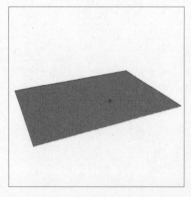 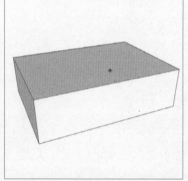

利用推拉工具还可以对所有面的物体进行推拉，或是改变物体的体积大小。也就是说，只要是面就可以使用推拉工具来改变其形态、体积，如下图所示。

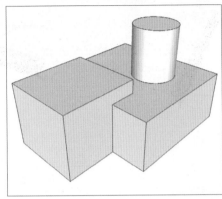 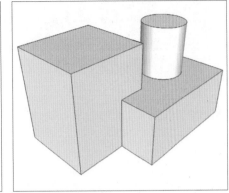

提示 ▶ 快速推拉多个面

如果多个面的推拉深度相同，则在完成其中某一个面的推拉之后，在其他面上使用推拉工具直接双击，即可快速完成相同的操作。

2.2.6 跟随路径工具

跟随路径是指将一个界面沿着某一指定线路进行拉伸的建模方式，与3ds Max的放样命令有些相似，是一种很传统的从二维到三维的建模工具。

1. 面与线的应用

应用跟随路径工具使一个面沿着指定的曲线路径进行拉伸，具体操作步骤如下：

01 下图为水平放置的六边形和竖向六边形的面，激活跟随路径工具，根据状态栏中的提示单击截面，选择拉伸面，如下左图所示。

02 再将光标移动到作为拉伸路径的曲线上，这时可以看到曲线变红，光标随着曲线移动，截面也会随着形成三维模型，如下右图所示。

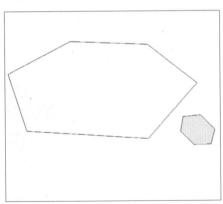 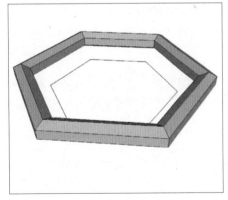

2. 面与面的应用

使用跟随路径工具也可以使一个面沿着另一个面的路径进行拉伸，下面以绘制吊顶石膏线模型为例进行介绍，其具体的操作步骤如下：

01 绘制石膏线截面与天花板平面后，激活跟随路径工具，单击石膏线截面，如下左图所示。

02 待光标变成 时，再将其移动到天花板平面，跟随其捕捉一周，如下右图所示。

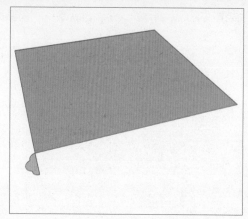 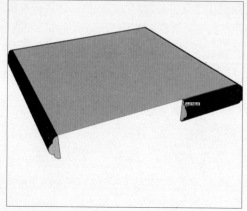

03 光标捕捉一周后，单击鼠标左键确定操作，即可完成石膏线的创建，如下图所示。

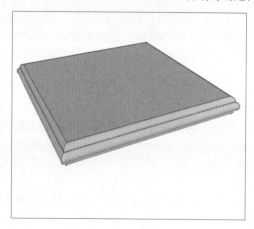

3. 实体上的应用

利用跟随路径工具，还可以在实体模型上直接制作出边角细节，下面将以绘制柱脚模型为例进行介绍，其具体的操作步骤如下：

01 在实体模型表面绘制好柱脚轮廓截面，如下左图所示。

02 激活跟随路径工具，单击选择轮廓截面，此时可以看到出现了参考的轮廓线，如下右图所示。

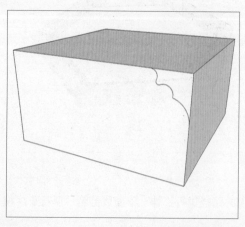 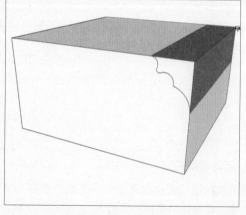

03 移动光标，绕顶面一周，回到原点，效果如下左图所示。

04 单击鼠标左键确认操作，即可完成柱脚模型的创建，如下右图所示。

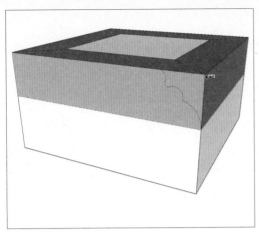
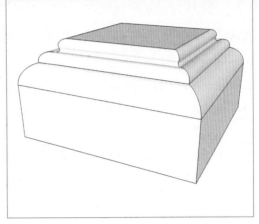

2.3　删除工具

删除工具位于"主要"工具栏中，如下图所示。该工具栏包含"选择"、"制作组件"、"颜料桶"、"删除"4个工具，这里将仅对删除工具进行介绍。

单击删除工具按钮 ，待光标变成 时，将其置于目标线段上方，单击即可将目标线段删除，如下图所示。需要注意的是，删除工具不能进行面的删除。

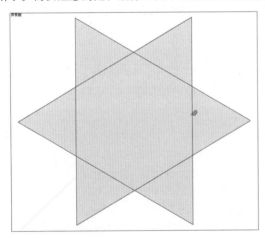
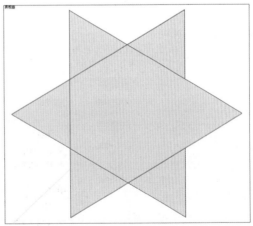

2.4　建筑施工工具

在SketchUp中建模可以达到很高的精确度，主要得益于功能强大的建筑施工工具的应用。"建筑施工"工具栏包括"卷尺"、"尺寸"、"量角器"、"文本"、"轴"及"三维文字"工具，如下图所示。其中"卷尺"与"量角器"工具主要用于尺寸与角度的精确测量与辅助定位，其他工具则用于各种标识与文字的创建。

2.4.1 卷尺工具

卷尺工具可执行一系列与尺寸相关的操作，包括测量两点间的距离，创建辅助线和缩放整个模型等。

1. 测量距离

使用卷尺工具对模型的尺寸进行测量非常便捷，下面介绍测量的具体操作方法：

01 打开模型，激活卷尺工具，当光标变成卷尺形状 ⌀ 时单击确定测量起点，如下左图所示。

02 拖动鼠标至测量终点，这时可以看到从起点到终点之间会显示一条红色的参考线，光标旁会显示出距离值，在数值控制栏中也可以看到显示的长度值，如下右图所示。

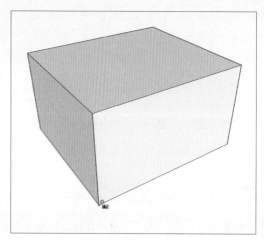 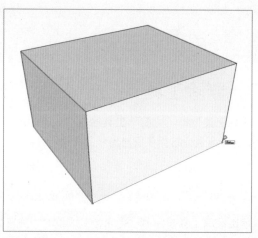

03 再次单击鼠标左键确定测量的终点，即可完成本次测量，最后测得的距离值会显示在数值控制栏中。

> **提示** 测量精确度的设置
> 如果事先未对单位精度进行设置，那么数据控制栏中显示的测量数值为大约值，这是因为SketchUp根据单位精度进行了四舍五入。用户可以打开"模型信息"对话框，在"单位"面板中对单位精度进行设置，如下图所示。

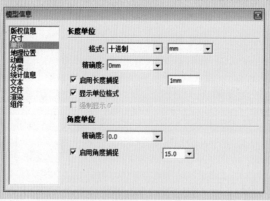

2. 创建辅助线

辅助线在绘图时非常有用，用户可以使用工具在参考元素上单击，然后拖出辅助线。例如，从边线的参考开始，可以创建一条平行于该边线的无限长的辅助线；从端点或中点开始，会创建一条端点带有十字符号的辅助线段。下面介绍应用卷尺工具创建辅助线的方法，具体操作步骤如下：

01 激活卷尺工具，将鼠标指针移动到要创建平行辅助线的线段上，如下左图所示。

02 单击该线段，再向一侧移动鼠标，指针上会出现一条辅助线，随着鼠标的移动而移动，如下右图所示。

中文版SketchUp Pro 2015艺术设计实训案例教程

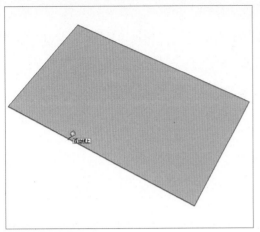 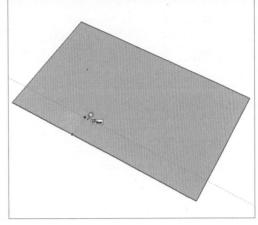

03 选择合适的位置单击，即可完成平行辅助线的创建，如下图所示。

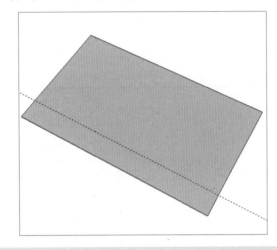

> **提示** ▶ **辅助线的隐藏**
> 场景中常常会出现大量的辅助线，若是已经不需要的辅助线，就可以直接删除；如果辅助线在后面还有用处，可将其隐藏起来，选择辅助线，执行"编辑＞隐藏"命令，或者单击鼠标右键，在弹出的快捷菜单中选择"隐藏"命令即可。

2.4.2 尺寸工具

SketchUp具有十分强大的标注功能，能够创建满足施工要求的尺寸标注，这也是SketchUp区别于其他三维软件的一个明显优势。

1. 标注样式的设置

不同类型的图纸对于标注样式有不同的要求，在图纸中进行标注的第一步就是要设置需要的标注样式，操作步骤如下：

01 执行"窗口＞模型信息"命令，打开"模型信息"对话框，选择左侧列表框中的"尺寸"选项，如下左图所示。

02 单击"字体"按钮，打开"字体"对话框，设置字体为"仿宋"，再根据场景模型设置字体大小，如下右图所示。

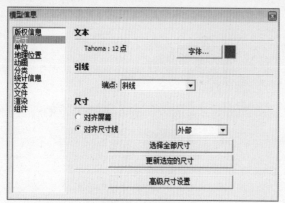
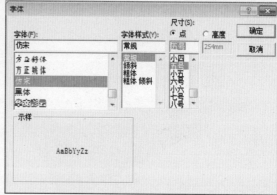

03 返回到"模型信息"对话框，设置引线样式为"闭合箭头"，如下图所示。设置完毕即可关闭"模型信息"对话框。

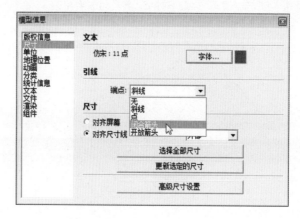

2. 尺寸标注

SketchUp的尺寸标注是三维的，其引出点可以是端点、终点、交点以及边线，并且可以标注三种类型的尺寸，即长度标注、半径标注、直径标注。

- **长度标注**：激活尺寸工具，在长度标注的起点处单击，移动光标到长度标注的终点再次单击，移动光标即可创建尺寸标注。
- **半径标注**：半径标注主要是针对弧形物体，激活尺寸工具，单击选择弧形，移动光标即可创建半径标注，标注文字中的R表示半径，如下左图所示。
- **直径标注**：直径标注主要是针对圆形物体，激活尺寸工具，单击选择圆形，移动光标即可创建直径标注，标注文字中的DIA表示半径，如下右图所示。

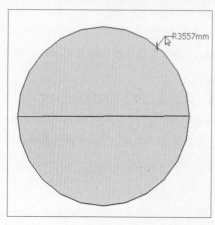
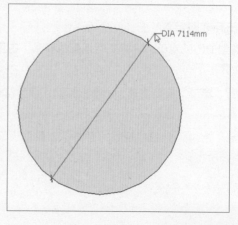

提示 ▶ 尺寸标注的重要性

尺寸标注的数值是系统自动计算的，虽然可以修改，但是一般情况下是不允许的，因为作图时必须按照场景中的模型与实际尺寸1:1的比例来绘制，这种情况下，绘图是多大的尺寸，在标注时就是多大。如果标注时发现模型的尺寸有误，应该先对模型进行修改，再重新进行尺寸标注，以确保施工图纸的准确性。

2.4.3　量角器工具

量角器工具可以用来测量角度，也可以用来创建所需要的辅助线。下面将对量角器工具的使用方法进行介绍，具体操作步骤如下。

01 打开图形，激活量角器工具，当鼠标变成 形状时，单击鼠标左键确定目标测量角的顶点，如下左图所示。

02 移动光标，选择目标测量角的任意一条边线，单击鼠标确认，如下右图所示。

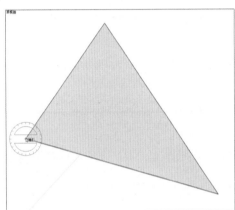
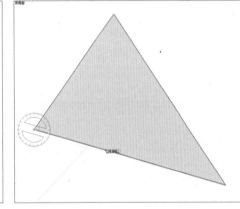

03 再移动光标捕捉目标测量角的另一条边线，这时工作区中会自动创建一条辅助线，再次单击鼠标确认，如下左图所示。

04 测量完成后，即可在数值控制栏中看到测量角度，辅助线也被保留，如下右图所示。

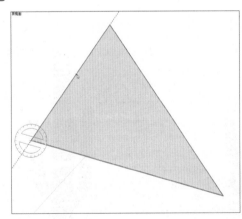
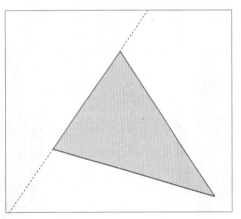

2.4.4　文字工具

在绘制设计图或者施工图时，在图形元素无法正确表达设计意图时，可使用文本标注来表达，比如材料的类型、细节的构造、特殊的做法以及房间的面积等。

SketchUp的文本标注有系统标注和用户标注两种类型。系统标注是指标注的文本由系统自动生成，用户标注是指标注的文本由用户自己输入。

1. 系统标注

系统标注可以直接对面积、长度、定点坐标进行文字标注，系统标注的具体操作步骤如下：

01 激活文本工具，当光标变成 🖰 时，在目标对象的表面单击，即可引出引线，对目标表面的面积进行标注，如下左图所示。

02 如果双击鼠标，则会在当前位置直接显示文本标注的内容，如下右图所示。

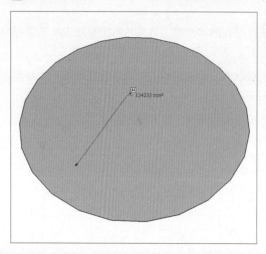
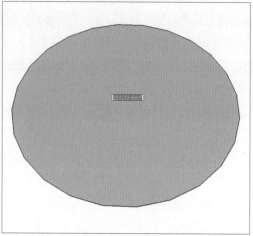

提示 ▶ **系统标注的注意事项**
对封闭的面域进行系统标注时，系统将自动标注该面域的面积；对线段进行系统标注时，系统将自动标注线段长度；对弧线进行标注时，系统将自动标注该点的坐标值。

2. 用户标注

用户使用文本工具可以轻松地编写文字内容，操作步骤如下：

01 激活文本工具，当光标变成 🖰 时，将光标移动到目标标注对象上并单击，引出引线，如下左图所示。

02 在合适的位置再次单击，文本即会处于编辑状态，如下中图所示。

03 输入新的内容，在空白处单击确认输入即可，如下右图所示。

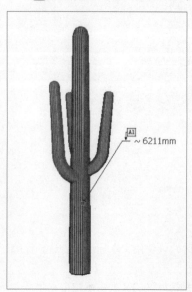
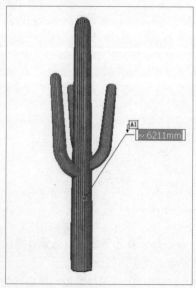
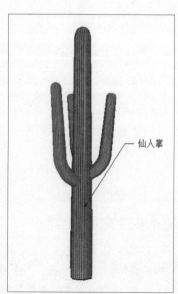

2.4.5　三维文字工具

SketchUp中有标注文字和屏幕文字两种文字。其中，三维文字工具主要用于在场景中创建三维立体的文字模型，下面将对三维文字工具的使用方法进行介绍。

01 激活三维文字工具，系统会自动弹出"放置三维文本"对话框，如下左图所示。

02 输入需要的文本内容，设置文字字体、对齐方式及高度等参数，如下右图所示。

 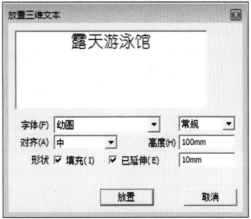

03 单击"放置"按钮，将创建的三维文字放置到合适位置即可，如下左图所示。

04 再创建其他的三维文字，完成路标模型的制作，如下右图所示。

知识延伸：标注的修改

不管是尺寸标注还是文本标注，都会遇到需要对标注的样式或内容进行修改的时候。要修改标注时，可以直接单击鼠标右键，在弹出的快捷菜单中选择要进行修改类型即可，如右图所示。

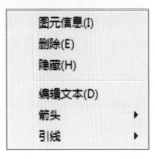

1. 修改标注文字

首先用鼠标右键单击标注，在弹出的快捷菜单中选择"编辑文字"命令，此时标注中的文字已经处于编辑状态，然后输入需要的替代的文字内容，输完成后在空白处单击，即可完成标注文字的修改。

2. 修改标注箭头

鼠标右键单击标注，在弹出的快捷菜单中选择"箭头"命令，在其子菜单中用户可根据需要选择所需的箭头格式，如下左图所示。

3. 修改标注引线

鼠标右键单击标注，在弹出的快捷菜单中选择"引线"命令，在其子菜单中用户可根据需要选择所需引线格式，如下右图所示。

📺 上机实训：绘制我的第一个模型

在学习了本章的知识后，读者将会对SketchUp的基本操作有一定的掌握，本小节就利用本章学习的知识来创建一个简易的欧式罗马柱，其具体的操作步骤如下：

步骤01 首先创建柱脚，应用矩形工具，在视图中绘制一个800×800的正方形，如下图所示。

步骤02 应用推拉工具，单击长方形，并在数据控制栏中输入推拉数值为500，即可将正方形转变为长方体，如下图所示。

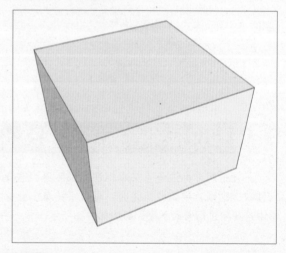

步骤03 利用弧线工具在长方体的面上绘制曲线，如下图所示。

步骤04 激活路径跟随工具，将鼠标移动到曲面上，按住鼠标左键不放捕捉长方体上方的边线一周，制作出造型，如下图所示。

中文版SketchUp Pro 2015艺术设计实训案例教程

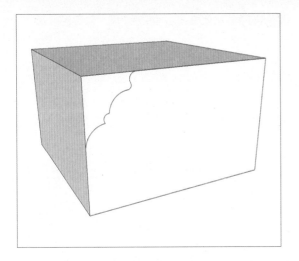

步骤 05 选择模型，激活移动工具，按住Ctrl键的同时将模型向上移动并复制3000，如下图所示。

步骤 06 激活旋转工具，将上方的模型旋转相应的角度，如下图所示。

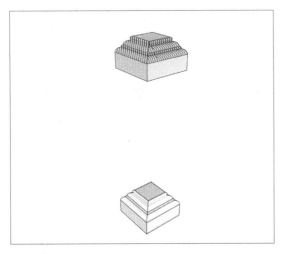

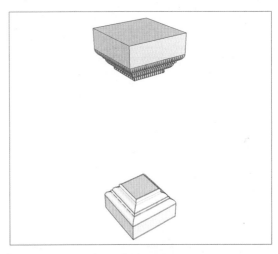

步骤 07 激活推拉工具，将下方模型的面向上推出，与上方模型的底面对齐，制作出柱子造型，如下图所示。

步骤 08 激活偏移工具，将柱身的边向内偏移，如下图所示。

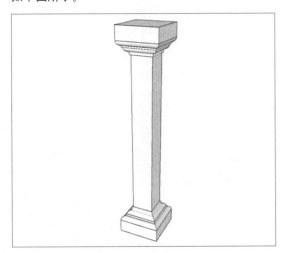

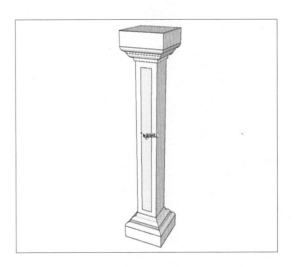

步骤 09 选择下方边线单击鼠标右键，在弹出的快捷菜单中选择"拆分"命令，如下图所示。

步骤 10 移动鼠标将边线分为7段，如下图所示。

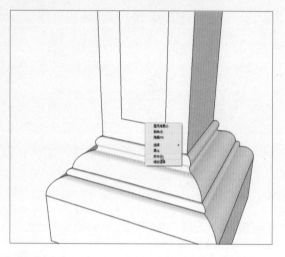

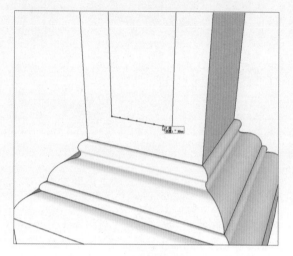

步骤 11 激活直线工具，捕捉绘制直线，效果如右图所示。

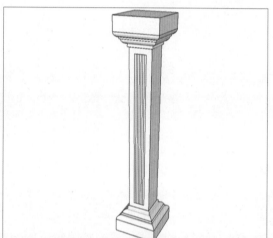

步骤 12 激活推拉工具，将面向内推出15，完成柱子模型的制作，效果如右图所示。

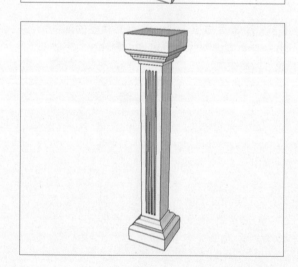

课后练习

1. 选择题

(1) 进行移动操作之前，按住_____键，进行复制。

　　A. Ctrl　　　　　　　　B. Shift　　　　　　　　C. Alt　　　　　　　　D. Enter

(2) 如果一个移动或拉伸操作会产生不共面的表面，SketchUp会将这些表面自动折叠。任何时候用户都可以按住_____键，强制开启自动折叠功能。

　　A. Ctrl　　　　　　　　B. Shift　　　　　　　　C. Alt　　　　　　　　D. Enter

(3) 以下_____项是圆弧工具完全正确的绘制方式。

　　A. 绘制圆弧、画半圆、挤压圆弧和指定精确的圆弧数值

　　B. 绘制圆弧、画相切的圆弧、挤压圆弧和指定精确的圆弧数值

　　C. 绘制圆弧、挤压圆弧和指定精确的圆弧数值

　　D. 绘制圆弧、画半圆、画相切的圆弧、挤压圆弧和指定精确的圆弧数值

(4) 以下_____项是建筑施工工具栏完全正确的工具。

　　A. 重量、尺寸标高、角度、文本标注、坐标和三维文字

　　B. 测量、尺寸标注、角度、文本标注、坐标轴和三维文字

　　C. 重量、尺寸标高、角度、文本标注、坐标轴和三维文字

　　D. 测量、尺寸标注、角度、文本标注、坐标和三维文字

(5) 复制物体需要使用_____工具。

　　A. 移动　　　　　　　B. 缩放　　　　　　　C. 推拉　　　　　　　D. 旋转

2. 填空题

(1) 使用SketchUp软件建模时，放样命令是_____。

(2) 在使用推拉工具时，_____可以重复上一次推拉的尺寸。

(3) 当锁定一个方向时，按住_____键可以保持这个锁定。

(4) 使用缩放工具对物体进行缩放时，确定缩放方向后在数值输入框中输入_____可以镜像对象。

3. 上机题

用户课后可以利用本章学习的知识，创建一个简单的沙发模型，并为其添加尺寸标注，场景参考图片如下图所示。

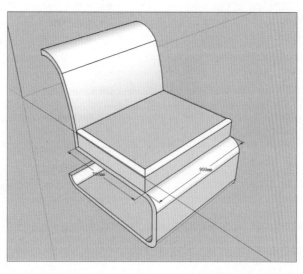

本章概述

在前面章节中，详细介绍了SketchUp中各类绘图工具的应用，以及基本建模的方法。接下来本章将对一些高级建模功能和场景管理工具进行详细介绍，通过对本章内容的学习，读者可以创建出质量更高、效果更好的三维模型。

核心知识点

❶ 组工具的应用
❷ 实体工具的应用
❸ 沙盒工具的应用
❹ 相机工具的应用

3.1　组工具

　　SketchUp的组工具包含群组工具与组件工具，下面将对这两种工具的基本知识及使用方法进行全面介绍。

3.1.1　组件工具

　　组件工具主要用来管理场景中的模型，将模型制作成组件，可以精减模型个数，方便模型的选择。如果复制出多个模型，对其中一个进行编辑时，其他模型也会产生变化，这一点同3ds Max中的实例复制相似。此外，模型组件还可以单独导出，不但方便与他人分享，也方便以后再次利用。

　　1. 组件的创建与编辑

　　下面通过具体实例详细介绍创建与编辑组件的操作方法，具体步骤如下：

　　01 打开模型并全选，单击鼠标右键，在弹出的快捷菜单中选择"创建组件"命令，如下左图所示。

　　02 打开"创建组件"对话框，在"名称"文本框中输入组件名称，勾选"总是朝向相机"复选框，系统会自动勾选"阴影朝向太阳"复选框，如下右图所示。

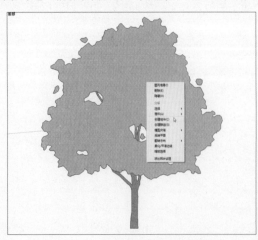

　　03 单击"设置组件轴"按钮，在场景中指定轴点，如下左图所示。

　　04 双击确定轴点，返回到"创建组件"对话框，单击"创建"按钮，即可完成组件的创建，如下右图所示。

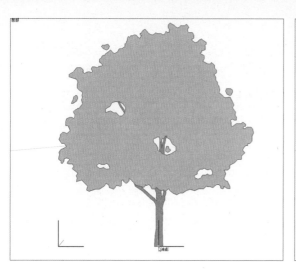

05 如需对组件进行修改，只需要单击鼠标右键，在弹出的快捷菜单中选择"编辑组件"命令，组件进入编辑状态后，周围会以虚线框显示，用户就可以对其进行编辑操作了，如下左图所示。

06 执行"窗口>阴影"命令，打开"阴影设置"对话框，开启阴影显示，效果如下右图所示。

07 激活绕轴观察工具，旋转视角，可以看到不管如何转换角度，模型总是正面朝向，如右图所示。

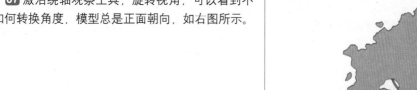

> **提示** "创建组件"对话框中选项的设置
>
> 在"创建组件"对话框中勾选了"总是朝向相机"、"阴影朝向太阳"复选框，则无论如何旋转视口，组件都始终以正面面向视口，以避免出现不真实的单面渲染效果。

2. 导入与导出组件

完成了组件的创建后，用户可以将其导出为单独的模型，以方便分享及再次调用，其具体的操作步骤如下：

01 选择创建好的组件，单击鼠标右键，在弹出的快捷菜单中选择"另存为"命令，如下左图所示。

02 打开"另存为"对话框，选择存储路径并为其命名，单击"保存"按钮即可，如下右图所示。

03 如需再次调用该模型，则执行"窗口＞组件"命令，打开"组件"对话框，从中选择保存的组件即可，如右图所示。

04 在场景中的任意一点单击，即可将该组件插入到场景中。

> **提示 ▶ 调用组件的注意事项**
> 只有将模型保存在SketchUp安装路径中的名为Components的文件夹内，才能通过"组件"对话框直接调用。

3. 组件库

Google公司收购SketchUp之后，结合其自身强大的搜索功能，使得用户可以直接在SketchUp程序中搜索组件，同时也可以将自己制作好的组件上传到互联网中分享给其他用户使用，这样就构成了一个十分庞大的组件库。

> **提示 ▶ 上传组件的准备**
> 使用Google 3D模型库进行组件的上传是，需要注册Google用户并同意上传协议。

关于组件库的使用方法如下：

01 执行"窗口＞组件"命令，打开"组件"对话框，单击"在模型中"右侧的下拉按钮，在弹出的列表中选择相应的组件类型，如下左图所示。

02 此时组件就会自动进入到Google 3D模型库中进行搜索，如下右图所示。

03 除了默认组件外，用户还可以输入相应的关键字进行自定义搜索，如下左图所示。

04 在搜索列表中单击选择需要的模型，系统会自动进行下载，如下右图所示。

05 下载完毕后，在视口中单击即可将其插入。

3.1.2　群组工具

在SketchUp中，群组可将部分模型包裹起来从而不受外界（其他部分）的干扰，同样便于对其进行单独操作。因此合理地创建和分解群组能使建模更方便有序，提高建模效率，减少不必要的操作过程。

1. 群组的创建与分解

下面介绍创建与分解群组的操作方法，具体步骤如下：

01 选择需要创建群组的物体，单击鼠标右键，在弹出的快捷菜单中选择"创建群组"选项，如下左图所示。

02 群组创建完成的效果如下中图所示，这时单击两个物体的任意部位，即会发现他们已经形成了一个整体。

03 分解群组的操作步骤同创建群组基本相似，选择群组，单击鼠标右键，在弹出的快捷菜单中选择"分解"命令即可，如下右图所示，这时原来的群组物体将会重新分解成多个独立的单位。

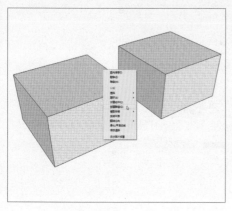 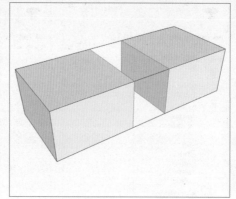 

2. 群组的嵌套

群组嵌套即在群组中包含群组，即创建一个群组后，再将该群组同其他物体一起再次创建成一个群组，操作步骤如下：

01 下左图的场景中有多个群组，选择场景中的所有物体并单击鼠标右键，在弹出的快捷菜单中选择"创建群组"命令。

02 单击场景中任意一个物体，就可以发现场景中的多个物体变成了一个整体，如下右图所示。

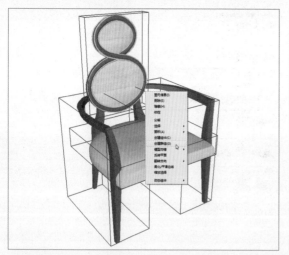 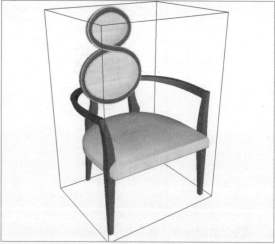

> **提示** 群组的分解
> 在有嵌套的群组中执行"分解"命令，一次只能分解一级嵌套。如果有多级嵌套，就必须一级一级地进行分解。

3. 群组的编辑

双击群组或者在右键快捷菜单中选择"编辑组"命令，即可对群组中的模型进行单独选择和调整，调整完毕后还可以恢复到群组状态，操作步骤如下：

01 打开上一小节中的群组模型，选择对象，如下左图所示。

02 再用鼠标双击该群组，可以看到模型周围会显示出一个虚线组成的三维长方体，如下右图所示。

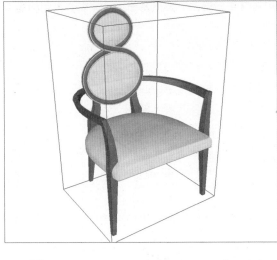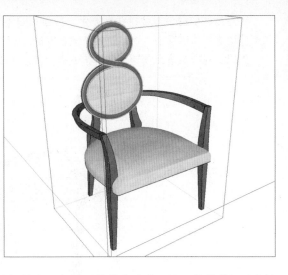

03 此时可以单独选择群组内的模型进行编辑，选择其中一个模型并单击移动工具，将其进行适当地移动，如下左图所示。

04 调整完毕后再次单击选择工具，然后将光标移动到虚线框外单击即可恢复群组状态，如下右图所示。

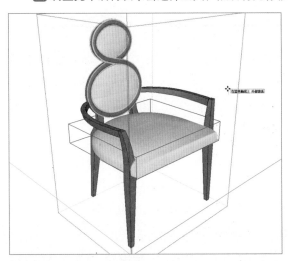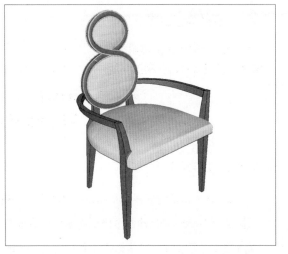

4. 群组的锁定与解锁

在场景中如果有暂时不需要编辑的群组，用户可以将其锁定，以免误操作。选择群组，单击鼠标右键，在弹出的快捷菜单中选择"锁定"命令即可，如右图所示。

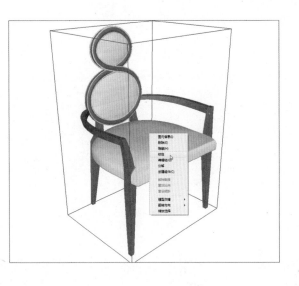

**组合键的使用**

在组打开后，选择其中的模型，按Ctrl+X组合键可以暂时地将其剪切出群组。关闭群组后，再按Ctrl+V组合键就可以将该模型粘贴进场景并移出组。

锁定后的群组会以红色线框显示，并且用户不可以对其进行修改，如下左图所示。需要说明的是，只有群组才可以被锁定，物体是无法被锁定的。

如果要对群组进行解锁，则选择右键快捷菜单中的"解锁"命令即可，如下右图所示。

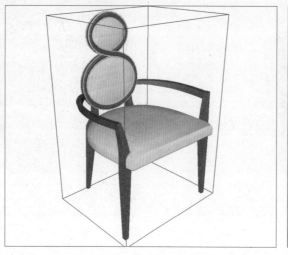

3.2　实体工具

SketchUp的实体工具组中包括"外壳"、"相交"、"联合"、"减去"、"剪辑"、"拆分"6个工具，如下图所示。下面将对这几种工具的使用方法逐一进行介绍。

3.2.1　外壳工具

外壳工具可以快速将多个单独的实体模型合并成一个实体，其具体的使用方法介绍如下：

01 使用SketchUp创建两个模型并各自创建成群组，如下左图所示。

02 激活外壳工具，将鼠标移动到其中一个实体上，将会出现"实体组①"的提示，表示当前选择的实体数量，如下右图所示。

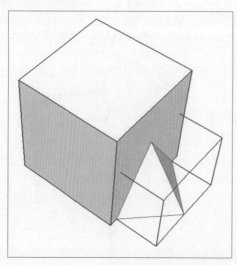
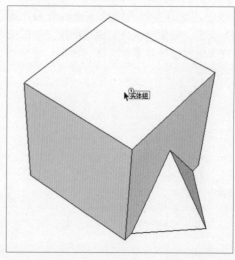

03 单击确定第一个实体，再移动鼠标到另一个实体上，会出现"实体组②"的提示，如下左图所示。

04 单击确定选择，即可看到两个实体合为一个整体，如下左图所示。

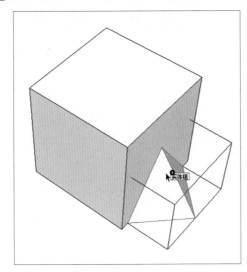 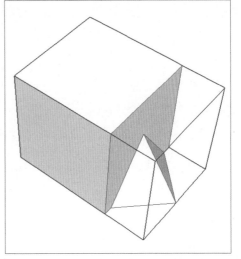

　　如果场景中需要合并的实体较多，用户可以先选择全部的实体，再单击外壳工具按钮，即可进行快速合并操作。

提示 外壳工具与组工具的区别

SketchUp中外壳工具的功能与之前介绍的组嵌套有些相似的地方，都可以将多个实体组成一个大的对象。但是，使用组嵌套的实体在打开后仍可进行单独的编辑，而使用外壳工具进行组合的实体是一个单独的实体，打开后模型将无法进行单独的编辑操作。

3.2.2　相交工具

　　相交工具也就是大家熟悉的布尔运算交集工具，大多数三维图形软件都具有这个功能，交集运算可以快速获取实体之间相交的那部分模型，该工具的具体使用方法介绍如下：

01 打开已有模型，激活相交工具，单击选择相交的其中一个实体，如下左图所示。

02 再移动光标到另一个实体上并单击，如下右图所示。

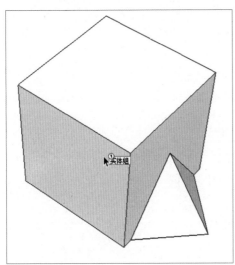 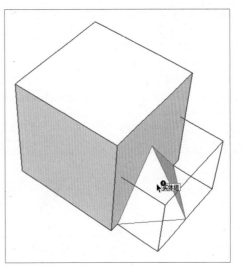

03 即可获得两个实体相交部分的模型，如下图所示。

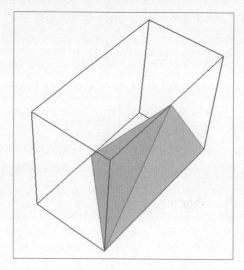

3.2.3 联合工具

联合工具即布尔运算并集工具，在SketchUp中，联合工具和之前介绍的外壳工具的功能没有明显的区别，其使用方法和相交工具相同，这里将不再赘述。

3.2.4 减去工具

减去工具即布尔运算差集工具，运用该工具可以将某个实体中与其他实体相交的部分进行切除，该工具的具体使用方法介绍如下：

01 激活减去工具，单击相交的其中一个实体，如下左图所示。

02 再单击另一个实体，如下右图所示。

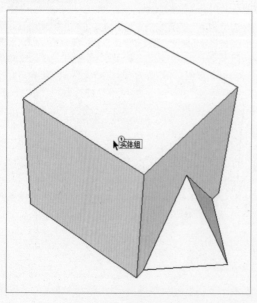
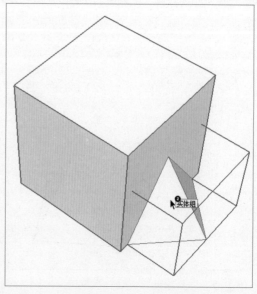

03 运算完成后可以看到棱锥体被删除了与正方体相交的部分，正方体也被删除，如下图所示。

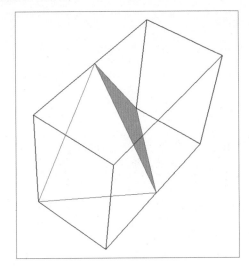

> **提示** 减去工具选择实体的结果
> 在使用减去工具时，实体的选择顺序可以改变最后的运算结果。运算完成后保留的是后选择的实体，删除先选择的实体及相交的部分。

3.2.5 剪辑工具

剪辑工具类似于减去工具，不同的是使用剪辑工具运算后只会删除后面选择的实体的相交部分，该工具的具体使用方法介绍如下：

01 激活剪辑工具，单击相交的其中一个实体，如下左图所示。

02 再单击另一个实体，如下右图所示。

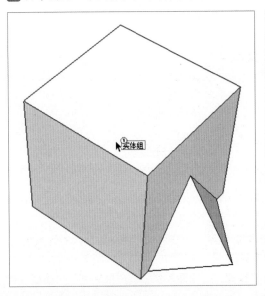
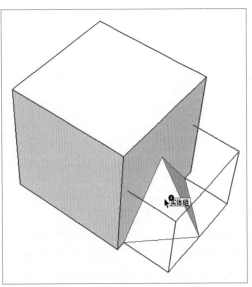

> **提示** 使用剪辑工具的注意事项
> 与减去工具相似，使用剪辑工具选择实体的顺序不同会产生不同的修剪结果。

03 操作完成后，将实体移动到一旁，可以看到棱锥体被删除了相交的部分，而正方体完整无缺，如下图所示。

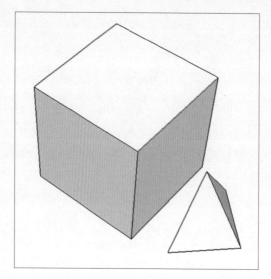

3.2.6　拆分工具

拆分工具功能类似于相交工具，但是其操作结果在获得实体相交的那部分的同时仅删除实体与实体之间相交的部分，结果如下图所示，其使用方法同相交工具、减去工具相同，这里将不再赘述。

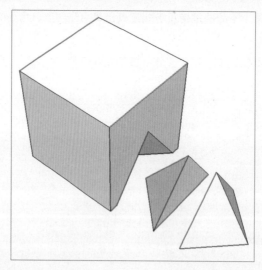

3.3　沙盒工具

SketchUp的沙盒工具可帮助用户创建、优化和更改3D地形。用户可以利用一组导入的轮廓线生成平滑的地形，添加坡地和沟谷，以及创建建筑地基和车道等。

沙盒工具栏中包含"根据等高线创建"、"根据网格创建"、"曲面起伏"、"曲面平整"、"曲面投射"、"添加细部"、"对调角线"7个工具，如下图所示。

3.3.1 根据等高线创建工具

　　根据等高线创建工具的功能是封闭相邻的等高线以形成三角面，其等高线可以是直线、圆弧、圆形或者曲线等，该工具将自动封闭闭合或者不闭合的线形成面，从而形成有等高差的坡地。通常，使用该工具有如下两种情况：

- 从其他软件中导入地形文件，例如dxf地形文件，此时的文件时三维地形等高线。
- 直接在SketchUp中使用画图命令绘制。

　　下面具体介绍根据等高线创建工具的使用方法，操作步骤如下：

01 选择欲封闭成三角面地形的线条（全部或者部分选择皆可），如下左图所示。

02 在沙盒工具栏中单击"根据等高线创建"工具按钮，等高线会自动生成一个组，如下右图所示。

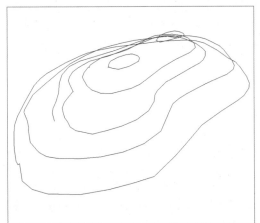 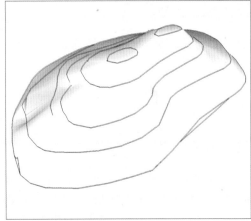

03 此时可以隐藏组，再删除原来的等高线，至此坡地制作完成，如下图所示。

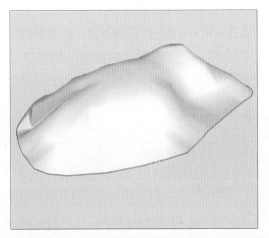

> **提示** ▶ 绘制地形图的技巧
> 利用"根据等高线创建"工具制作出的地形细节效果取决于等高线的精细程度，等高线越细致紧密，所制作出的地形图也越精致。

3.3.2　根据网格创建工具

　　山区地形建模一直是规划和设计中的难点，传统的方法是根据等高线绘制，费时费力且效果不佳，最终会产生"梯田状"的地形，而且后期渲染效果也不逼真。应用根据网格创建山区地形工具创建山区地形模型，可以保证模型的精准、快速、逼真。

右图为沙盒工具栏中的根据网格创建工具绘制的平面方格网，从中可分析出绘制的参数及方法。

1. 设置网格间距

激活根据网格创建工具后，在右下角数值控制栏中直接输入的数字就是方格网的间距，输入后按Enter键即可确认数值。

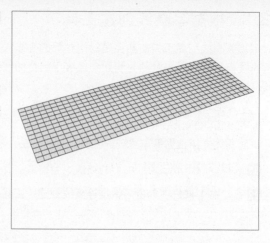

2. 绘制矩形方格网

由于是矩形，所以长宽值是必须有的。用户可以利用鼠标直接拖动，也可以在数值控制栏中输入精确数值，绘制完毕后会形成一个组。

方格网并不是最终的效果，设计者还可以利用沙盒工具栏中的其他工具配合制作出需要的地形。

> **提示** 创建网格的注意事项
> 如果网格的大小不等于想要绘制的范围，此时会省去最后一个网格从而留有间隙。解决的方法是，先测量一个绘制的范围，然后再计算每个网格的大小。

3.3.3 曲面起伏工具

从曲面起伏工具开始，后面的几个工具都是围绕根据等高线创建和"根据网格创建"两个工具的执行结果进行修改的工具，其主要作用是修改地形z轴的起伏程度，拖出的形状类似于正弦曲线。需要说明的是，曲面起伏工具不能对组与组件进行操作，该工具的具体使用方法如下：

01 双击视图中绘制好的网格，进入编辑状态后，激活曲面起伏工具，将鼠标移动到网格上，再输入数值来确定图中所示圆的半径，也就是要拉伸点的辐射范围，如下左图所示。

02 单击选择该点，再上下移动鼠标来确定拉伸的z轴高度，如下右图所示。

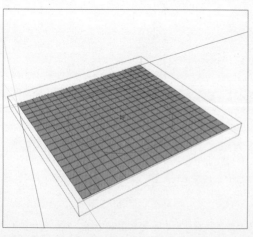 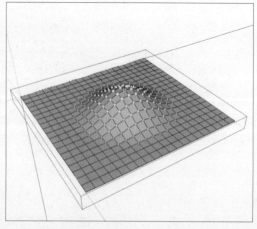

> **提示** 应用曲面起伏工具的注意事项
> 第一，用等高线生成和用网格生成的是一个组，此时要注意，在组的编辑状态下才可以使用该工具。
> 第二，该工具只能沿系统默认的z轴进行拉伸，所以如果想要多方位拉伸时，可以结合旋转工具（先将拉伸的组旋转到一定的角度后，再进入编辑状态进行拉伸）。
> 第三，如果用户想只对个别的点（线、面）进行拉伸的话，先将圆的半径设置为比一个正方形网格单位小的数值（或者设置成最小单位1mm）。设置完成后，先退出该工具使用状态，再开始选择点、线（两个顶点）、面（面边线所有的顶点），然后再单击该工具，进行拉伸即可。

3.3.4   曲面平整工具

曲面平整工具的图标是一个小房子放置在有高差的地形上样式，从该图标便可以看出该工具的用途。当房子建在斜面上时，房子的位置必须是水平的，也就是需要平整场地，该工具就是将房子沿底面偏移一定的距离放置在地形上。曲面平整工具的具体使用方法如下：

01 在Top视图中将地形与房子的位置放置正确，如下左图所示。

02 激活曲面平整工具，光标会变成 形状，单击房子模型，房子下方会出现红色的边框，如下右图所示。

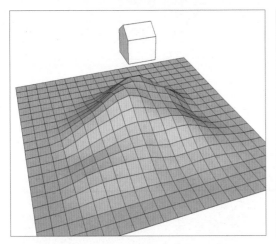 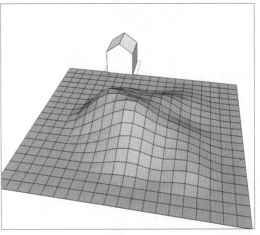

03 继续单击山地，在山地对应房子的位置将会挤出一块平整的场地，高度可随着鼠标移动进行调整，如下左图所示。

04 将房屋模型移动到山顶的平面，即完成本次操作，如下右图所示。

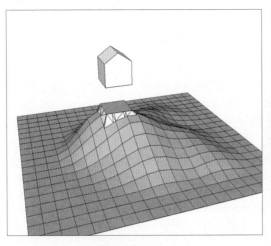 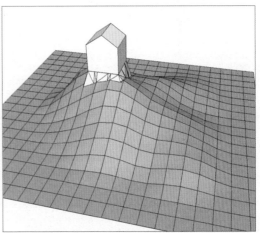

3.3.5   曲面投射工具

曲面投射工具的功能就是在地形上放置路网，在山地上开辟出山路网。下面将对该工具的使用方法进行介绍。

01 打开已有的山地模型，如下左图所示。

02 激活矩形工具，在模型正上方绘制一个比山地网格稍大一些的矩形，再调整矩形到山地上方，如下右图所示。

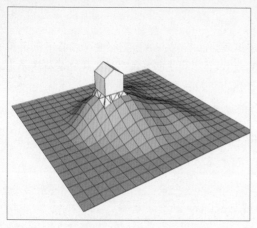 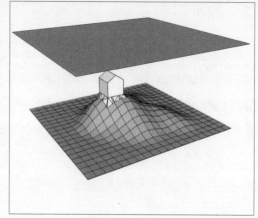

03 激活曲面投射工具，将鼠标移动到山地模型上，山地会处于被选择状态，如下左图所示。

04 单击确定选择后，再将鼠标移动到上方的矩形上并单击，则地形边界会被投射到矩形上，如下右图所示。

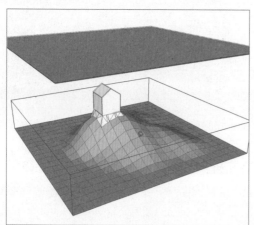 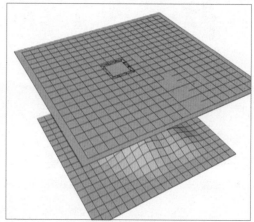

05 删除多余的线条，如下左图所示。

06 激活户型工具，绘制一条道路，如下右图所示。

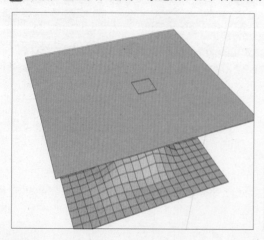 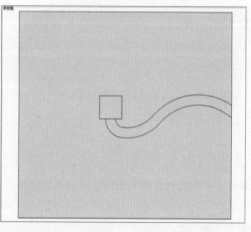

07 删除多余的图形，仅留道路平面，如下左图所示。

08 激活曲面投射工具，单击道路图形，将道路边界投射到山地模型上，如下右图所示。

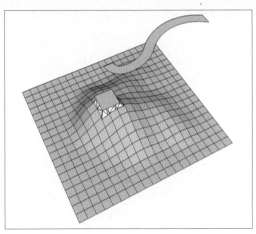
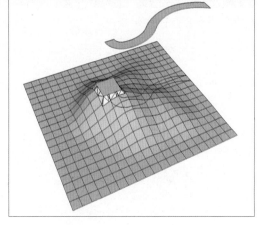

09 删除上方图形，在山地上单击鼠标右键，在弹出的快捷菜单中选择"柔化/平滑边线"命令，如下左图所示。

10 打开"柔化边线"调整框，拖动滑块调整法线之间的角度，山地模型变得平滑，至此完成该模型的制作，如下右图所示。

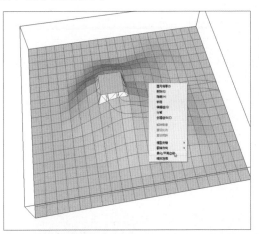
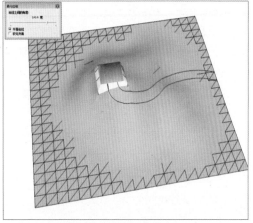

3.3.6 添加细部工具

添加细部工具的功能是将已经绘制好的网格物体进一步细化。若原有网格物体的部分或者全部的网格密度不够，即可使用添加细部工具来进行调整，该工具的具体使用方法如下：

01 选择需要细化的方格面（可以不选择边线，也可以选择所有的网格），如右图所示。

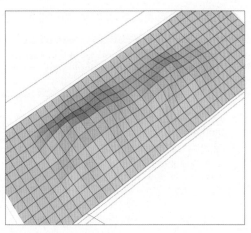

02 激活添加细部工具，即可对方格面进行细分，如下左图所示。一个网格分成四块，共八个三角面，坡面的网格会略有不同。

03 此时如果还未满足细分的要求，我们可以按照上面的步骤再进一步细分、拉伸，直至满意为止，如下右图所示。

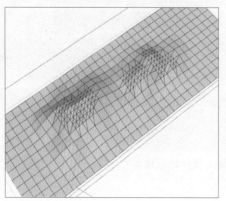 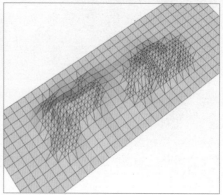

3.3.7　对调角线工具

对调角线工具的图标很直观地表达了其功能，即对一个四边形的对角线进行对调（变换对角线）。使用该工具，是因为有时软件执行的对角线结果不会随着大局顺势而下，如下左图所示，因此需要手动调整该对角线。一般对角线都是隐藏的，激活对调角线工具后，将鼠标移动到对角线上，则对角线会以高亮显示，如下右图所示。

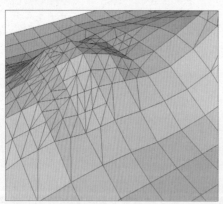 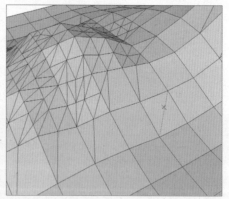

单击对角线，即可将其对调。执行"视图＞隐藏物体"命令，可以将对角线虚显出来，如下左图所示。然后继续对其他对角线进行对调，直到达到要求，如下右图所示。

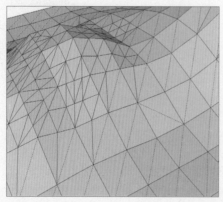 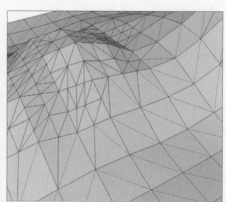

3.4　相机工具

"相机"工具栏中包括"绕轴旋转"、"平移"、"缩放"、"缩放窗口"、"充满视窗"、"上一个"、"定位相机"、"绕轴旋转"、"漫游"9个工具，如下图所示，其中"定位相机"和"绕轴旋转"工具用于相机位置与观察方向的确定，而"漫游"工具则用于漫游动画的制作。

3.4.1　定位相机工具

激活定位相机工具，此时光标将变成 ◎ 形状，移动光标至合适的放置点，如下左图所示。单击确定相机放置点，系统默认眼睛高度为1676.4mm，场景视角也会发生变化，如下右图所示。设置好相机后，旋转鼠标中键，即可自动调整相机的眼睛高度。

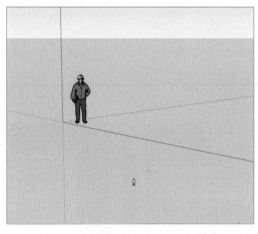

相机设置好后，鼠标指针也会变成眼睛的样子，按住鼠标左键不放，拖动光标即可进行视角的转换，如下图所示。

3.4.2　漫游工具

通过漫游工具，用户可以模拟出跟随观察者移动，从而在相机视图内产生连续变化的漫游动画效果。

1. 漫游工具的应用

启用漫游工具后，光标将会变成👣形状，用户通过鼠标、Ctrl键以及Shift键的组合应用，可以完成前进、上移、加速、旋转等漫游动作。该工具的使用方法介绍如下：

01 打开模型，激活漫游工具，光标将变成👣形状，如下左图所示。

02 在视图内按住鼠标左键向前推动摄影机，即可产生前进的效果，如下右图所示。

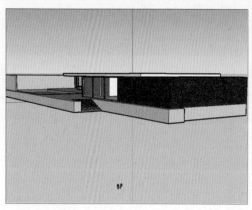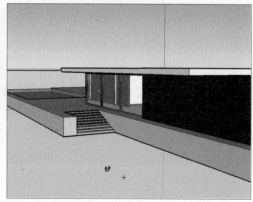

03 按住Shift键的同时上下移动鼠标，可以升高或者降低相机的视点，如下左图所示。

04 按住Ctrl键的同时推动鼠标，则会产生加速前进的效果，如下右图所示。

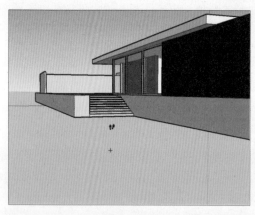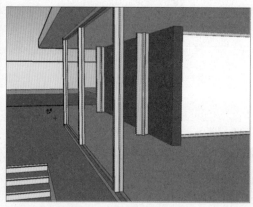

05 按住鼠标左键移动光标，则会产生转向的效果，如下左图所示。

06 按住Shift键与鼠标左键向左移动鼠标，则场景会向左平移；松开Shift键，按住鼠标左键向前移动，则可改变视角，如下右图所示。

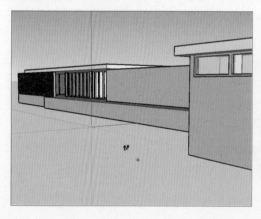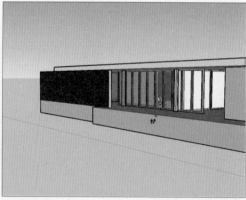

2. 设置漫游动画

下面详细介绍创建漫游路线来设置动画效果的操作方法，具体步骤如下：

01 打开配套模型，观察当前的相机视角，如下左图所示。

02 为避免操作失误，先执行"视图＞动画＞添加场景"命令，创建一个场景，如下右图所示。

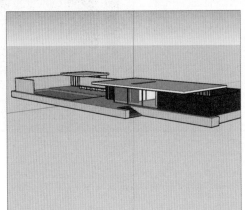
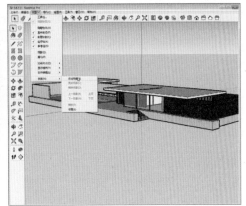

03 激活漫游工具，在数值控制栏中重新输入眼睛高度值为1800，按Enter键后，场景视野就发生相应的变化，如下左图所示。

04 按住鼠标左键向前推动，前进到一定的距离时停止，添加新的场景，如下右图所示。

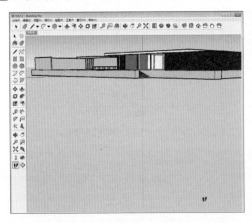

05 向左移动鼠标，对视线进行旋转，并添加新的场景，如下左图所示。

06 按住Shift键的同时向上移动鼠标，则视线也会向上移动，如下右图所示。

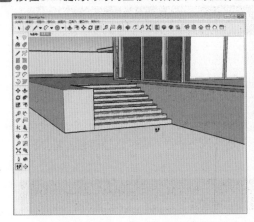
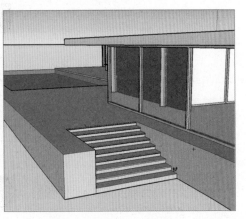

07 继续向前推动鼠标，并向右移动进行视线旋转，创建新的场景，如右图所示。随后可以执行"视图＞动画＞播放"命令，播放动画。

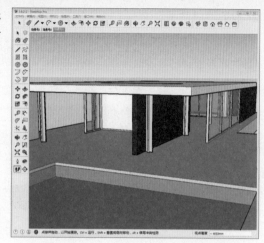

3. 输出漫游动画

场景漫游动画设置完毕后，用户可以将其导出，方便后期添加特效及非SketchUp用户观看，操作步骤如下：

01 执行"文件＞导出＞动画＞视频"命令，打开"输出动画"对话框，设置动画存储路径及名称后，再设置导出文件类型，如下左图所示。

02 单击"选项"按钮，打开"动画导出选项"对话框，设置分辨率等参数，如下右图所示。

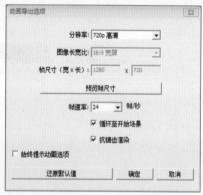

03 设置完成后单击"导出"按钮即可开始输出，并显示下左图的进度框。

04 输出完毕后，通过播放器即可观看动画效果，如下右图所示。

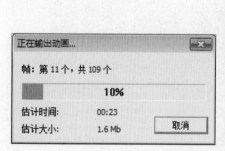
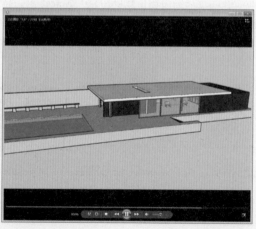

知识延伸：剖切面工具的使用

SketchUp的交互式剖切功能可以临时切掉模型的一部分，让用户看到内部的情况。用户可以使用剖切功能创建正交视图（例如楼层平面图），使用SketchUp将几何图形导出到CAD程序，或在处理模型时更好地查看模型。其具体的操作步骤如下：

01 打开场景素材文件，该场景为独立的小别墅模型，如下左图所示。执行"视图>工具栏"命令，打开"工具栏"对话框。

02 从中调出"截面"工具栏，激活剖切面工具，将鼠标移动到别墅的墙上，可以看到鼠标指针位置有一个绿色的剖切图框，如下右图所示。

 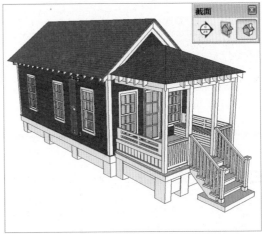

03 单击即会在建筑表面进行剖切操作，剖切符号会变成橙色，如下左图所示。

04 选择剖切符号，剖切符号会变成蓝色，激活移动工具，移动到合适的位置，则剖切效果也会随之变化，如下右图所示。

 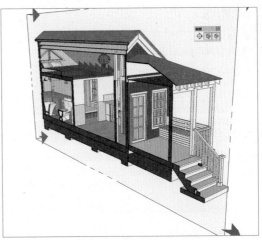

剖切面确定好之后，除了可以在SketchUp中直接观看外，还可以切换至顶视图，选择平行投影，并导出对应的DWG文件。

提示 隐藏/显示剖切效果

创建剖切面并调整好剖切位置后，单击"截面"工具栏中的"显示/隐藏剖切面"工具，即可隐藏/显示剖切效果。

上机实训：绘制山间别墅模型

学习完本章内容后，接下来将以创建山间别墅模型的操作方法为例，对本章内容进行巩固复习，达到学以致用的目的。

步骤 01 激活"沙盒"工具栏中的"根据网格创建"工具按钮，在视口中创建网格，如下图所示。

步骤 02 双击网格进入编辑状态，再单击"曲面拉伸"工具按钮，对网格进行拉伸创建，如下图所示。

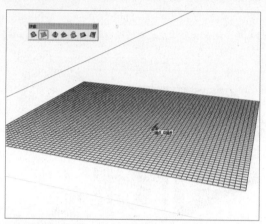

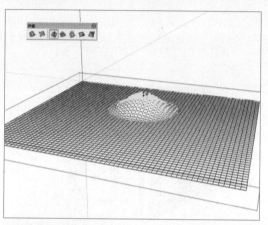

步骤 03 同样的方法创建出山地地形，如下图所示。

步骤 04 复制房屋模型到当前场景中，并调整位置，如下图所示。

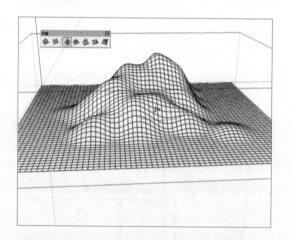

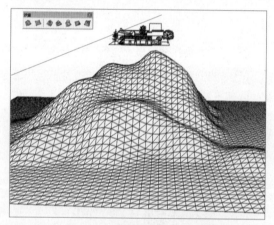

步骤 05 选择房屋底部，选择曲面平整工具，则房屋底部会出现一个红色方框，如右图所示。

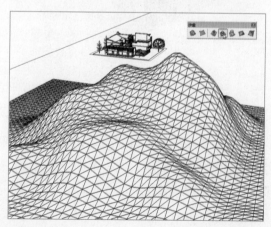

步骤 06 将鼠标移至山地网格上，光标会变成形状，单击山地网格，即会在山地上出现一个平台，会随着光标的移动而改变高度，如下图所示。

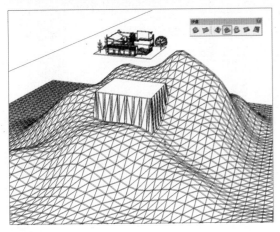

步骤 07 调整平台高度，再选择房屋模型，将其移动到平台上，如下图所示。

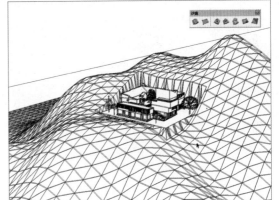

步骤 08 绘制道路平面，并将其移动到山地上方，如下图所示。

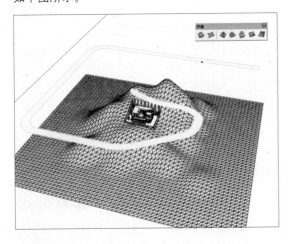

步骤 09 选择道路平面，单击"曲面投射"工具按钮，再将鼠标移动到山地网格上方，如下图所示。

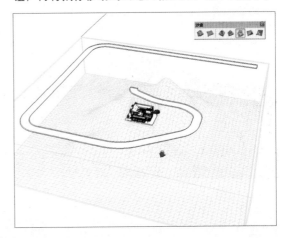

步骤 10 单击山地网格，即可完成道路在山地上的投射操作，如下图所示。

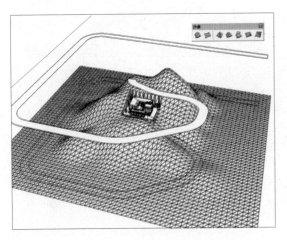

步骤 11 隐藏道路平面，在山地网格上单击鼠标右键，在弹出的快捷菜单中选择"软化/平滑边线"命令，如下图所示。

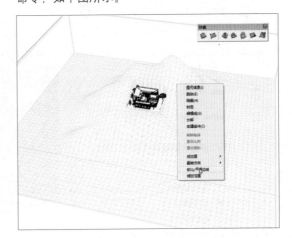

步骤 12 打开"柔滑边线"对话框，设置相关参数，并查看平滑边线后的效果，如下图所示。

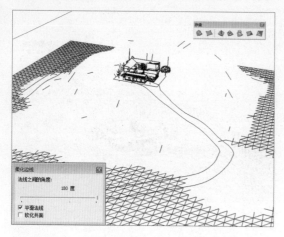

步骤 13 删除道路上多余的线条，效果如下图所示。

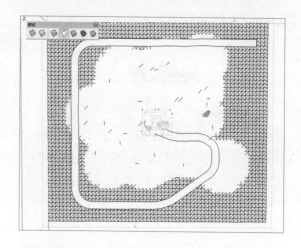

步骤 14 在"样式"面板中选择"阴影纹理"样式，效果如下图所示。

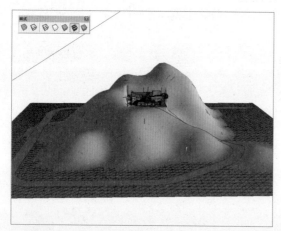

步骤 15 接着为山体和道路赋予材质，并隐藏边线显示，效果如下图所示。

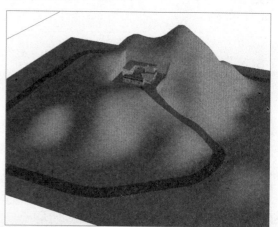

步骤 16 执行"窗口>阴影"命令，打开"阴影"对话框，设置阴影参数，如下左图所示。设置完成后，即可看到最终效果，如下右图所示。

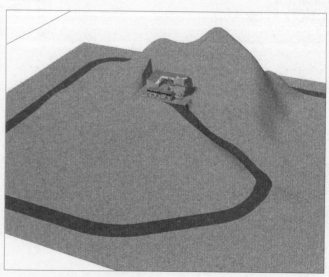

课后练习

1. 选择题

(1) 尺寸标注可以设置的属性不包括_____。

　　A. 文本内容　　　　B. 文本字体　　　　C. 文本形状　　　　D. 文本大小

(2) 下列哪种格式的图片可以作为镂空贴图_____。

　　A. JPG　　　　　　B. PNG　　　　　　C. GIF　　　　　　D. BMP

(3) 按住_____键可以柔化边线。

　　A. Ctrl　　　　　　B. Alt　　　　　　C. Shift　　　　　　D. Tab

(4) 绘制完矩形后想要改变矩形尺寸，如果要改变尺寸为400，则应该在数据输入框中输入_____。

　　A. ＞400　　　　　B. ＜400　　　　　C. ＝400　　　　　D. ≥400

(5) 绘制圆弧时输入300s是_____。

　　A. 指定圆弧的半径　　　　　　　　　　B. 指定圆弧的弧长

　　C. 指定圆弧的弦高　　　　　　　　　　D. 指定圆弧两端点之间的距离

2. 填空题

(1) 以圆弧的一个端点为起点绘制圆弧时，圆弧呈现青色表示_____。

(2) 绘制地形的等高线可以是_____、_____、_____和_____。

(3) 沙盒工具栏中包括_____、_____、_____、_____、_____、_____和_____7个工具。

(4) 翻转边线工具的作用是根据地势走向对应改变_____的方向，从而使地形变得更平缓。

3. 上机题

用户课后可以试着利用等高线创建一个简单的山地地形，如下图所示。

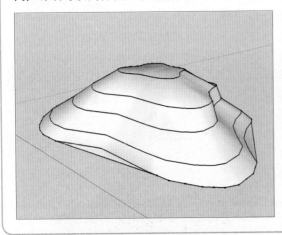 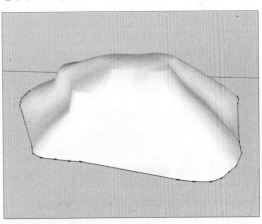

04 场景效果处理

本章概述

在学习完模型的绘制与编辑知识后，本章将对各种场景效果的处理方法进行讲解。通过对本章内容的学习，读者可以了解物体显示效果的设置，熟悉光影效果的制作等操作技巧，掌握材质与贴图的使用与编辑。

核心知识点

❶ 物体的显示
❷ 材质的创建
❸ 贴图的编辑
❹ 阴影的设置

4.1 物体的显示

SketchUp是一个直接面向设计方案进行设计创作的软件，为了能让客户更好地了解方案，就需要应用各种角度、各种方式的显示效果来满足设计方案的表达。

4.1.1 7种显示模式

SketchUp的"样式"工具栏中包含了"X光透视模式"、"后边线"、"线框显示"、"消隐"、"阴影"、"材质贴图"、"单色显示"7种显示模式，如右图所示。

1. X光透视模式

该模式的功能是可以将场景中所有物体都透明化，就像用X射线扫描一样，如下左图所示。选择该模式，可以在不隐藏任何物体的情况下方便地观察模型内部的构造。

2. 后边线模式

该模式的功能是在当前显示效果的基础上，以虚线的形式显示模型背面无法观察到的线条，如下右图所示。在当前为"X射线"和"线框"模式下时，该模式无效。

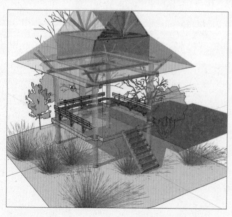

3. 线框显示模式

该模式是将场景中的所有物体以线框的方式显示，如下左图所示。在这种模式下，所有模型的材质、贴图和面都是失效的，但是此模式下的显示效果非常迅速。

4. 消隐模式

该模式仅显示场景中可见的模型面，此时大部分的材质与贴图会暂时失效，仅在视图中体现实体与透明的材质区别，如下右图所示。

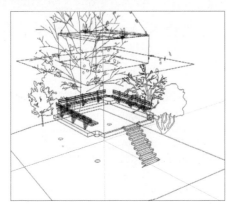 

5. 阴影模式

该模式是介于"隐藏线"和"阴影纹理"之间的一种显示模式，该模式在可见模型面的基础上，根据场景已经赋予过的材质，自动在模型表面生成相近的色彩，如下左图所示。在该模式下，实体与透明的材质区别也有体现，因此模型的空间感比较强烈。

6. 材质贴图模式

该模式是SketchUp中全面的显示模式，材质的颜色、纹理及透明度都将得到完整的体现，如下右图所示。

7. 单色显示模式

该模式是在建模过程中经常使用的显示模式，以纯色显示场景中的可见模型面，以黑色显示模型的轮廓线，有着很强的空间立体感，如右图所示。

4.1.2 设置场景背景与天空效果

场景中的建筑物等模型并不是孤立存在的，需要通过周围的环境烘托，比如背景和天空。在SketchUp中用户可以根据个人需要对场景中的背景与天空进行设置，其具体的操作方法如下：

01 启动SketchUp应用程序，进入工作界面，执行"窗口>样式"命令，打开"样式"面板，如下左图所示。

02 切换到"编辑"选项卡，单击"背景设置"按钮，如下中图所示。

03 在"背景"选项区域中勾选"天空"复选框，再设置背景及天空的颜色，如下右图所示。

 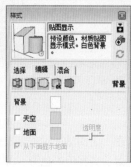 

04 分别对背景及天空的颜色进行设置，如下左图所示。

05 对场景的角度进行调整，即可看到设置背景和天空颜色后的效果，如下右图所示。

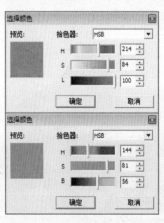 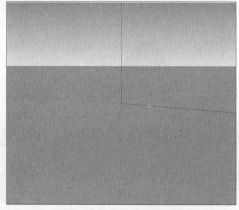

4.1.3 边线的显示效果

SketchUp之所以又称为草图大师，主要是因为通过设置SketchUp的边线可以显示出类似于手绘草图风格的效果。在绘图过程中，执行"视图>边线样式"命令，在其子菜单中可以快速设置"轮廓线"、"深粗线"、"出头"效果，如下图所示。另外在"样式"面板中也可以设置多种边线的显示，如右图所示。

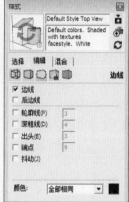

提示 ▶ 边线颜色设置注意事项

SketchUp无法分别设置边线颜色，唯利用"按材质"或"按轴线"设置才能使边线颜色有所差别，但即使这样，颜色效果的区分也不是绝对的，因即使不设置任何边线类型，场景的模型仍可显示出部分黑色边线。

打开模型，下左图为模型仅显示边线的效果。若勾选"轮廓线"复选框，则可以看到场景中的模型边线将得到加强，如下右图所示。

若勾选"深粗线"复选框，则边线将以比较粗的深色线条显示，如下左图所示。但是由于这种效果影响模型的细节，通常不予勾选。

若勾选"出头"复选框，即可显示出手绘草图的效果，两条相交的直线会稍微延伸出头，如下右图所示。

若勾选"端点"复选框，则物体边线末端会加重显示，形成草图的感觉，如下左图所示。
若勾选"抖动"复选框，则用来模拟手绘抖动的效果，如下右图所示。

对于"样式"面板中"边线"选项区域中的复选项，并不是只能选择其中一项边线效果，用户可以根据需要勾选多个复选框。但要注意的是，选择多种边框效果会占用计算机系统资源，影响软件运行速度，所以一般只是在完成模型后，根据具体情况选择需要的边线效果。

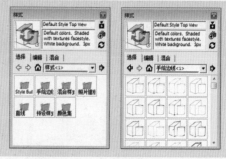
4.2 材质与贴图

材质是模型在渲染时产生真实质感的前提，配合灯光系统可以使模型体现出颜色、纹理、明暗效果等，由于在SketchUp中只有简单的天光表现，所以这里的材质表现并不明显，但是正因如此，SketchUp的材质显示操作异常简单迅速。

4.2.1 材质的赋予与编辑

下面将对材质的赋予与编辑操作进行详细的介绍，具体操作步骤如下。

01 打开已有模型，如下左图所示。

02 激活材质工具，打开材质编辑器，可以看到系统自带的原有材质文件，如下右图所示。

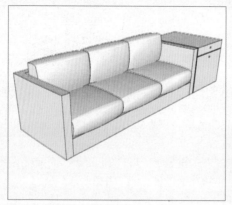

03 为避免材质赋予错误，首先要选择好对象，这里选择沙发靠背及坐垫模型，如下左图所示。

04 从材质编辑器中选择地毯和纺织品中的材质，如下右图所示。

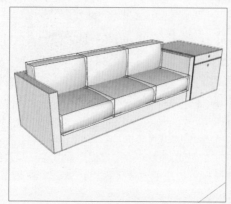

05 将材质指定给已选择的模型，效果如下左图所示。

06 继续选择原色樱桃木质纹材质，如下右图所示。

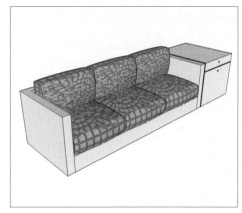

07 将所选材质指定给沙发其他部件，效果如下左图所示。

08 在材质编辑器中切换到"编辑"选项卡，如下右图所示。

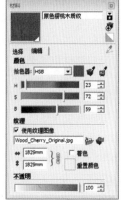

09 然后调整材质颜色以及纹理贴图尺寸，如下左图所示。

10 可以看到调整后的沙发效果如下右图所示。

提示 材质的查看

如果场景中的模型已经指定了材质，可以单击"在模型中"按钮进行查看。此外，还可以单击"样本颜料"按钮直接在模型的表面吸取其具有的材质。

4.2.2 材质的创建

在材质编辑器中单击"创建材质"按钮 ，即可打开"创建材质"对话框，如下图所示。

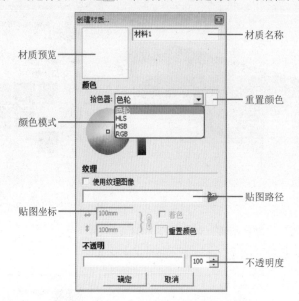

- **材质名称**：新建材质的第一步就是为材质设置一个简短易识别的名称，如"木纹"、"玻璃"等。
- **材质预览**：用户通过材质预览窗口可看到当前的材质效果，包括材质的颜色、纹理、透明度等。
- **颜色模式**：用户可以在颜色模式下拉列表中选择颜色模式，除了选择默认模式外，还可以选择 HLS、HSB、RGB三种模型。
- **重置颜色**：单击该色块，系统将恢复颜色的RGB值为137、122、41的默认状态。
- **纹理贴图路径**：单击"贴图路径"后的"浏览材质图像文件"按钮，即可打开"选择图像"对话框，进行贴图的选择，如下图所示。

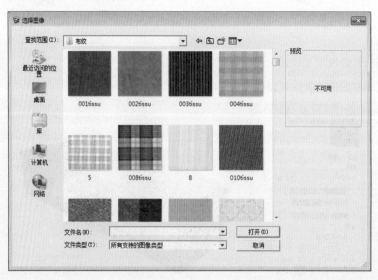

- **贴图坐标**：默认的贴图尺寸如果不适合场景对象，用户也可以在这里进行贴图尺寸的调整。
- **不透明度**：不透明度值越高，材质越不透明，用户可以在这里调整材质的透明效果。

提示 ▶ 锁定贴图尺寸

单击"锁定/解除锁定图像高宽比"按钮，可以选择是否锁定贴图尺寸的高度和宽度，从而调整贴图的形状。

4.2.3　贴图的编辑

在建模过程中，用户可以对模型的贴图进行进一步的调整，其具体的操作步骤如下：

01 选择赋予材质的模型表面并单击鼠标右键，在弹出的菜单中选择"纹理"命令，在打开的子菜单中选择"位置"选项，如下左图所示。

02 此时模型的周围会显示出用于调整贴图的半透明平面与四色别针，如下右图所示。

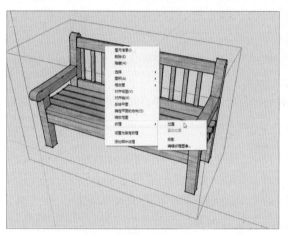
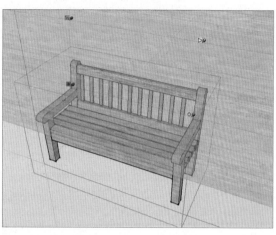

03 将光标分别移动这四色别针上，会显示出每种别针的作用，如下图所示。用户根据图中别针的提示，对贴图进行操作即可。

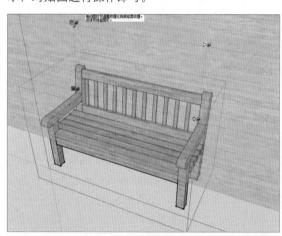
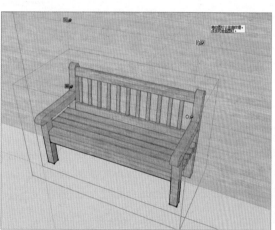

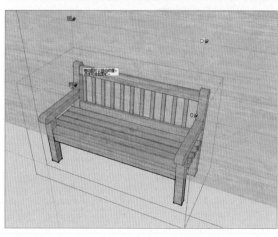
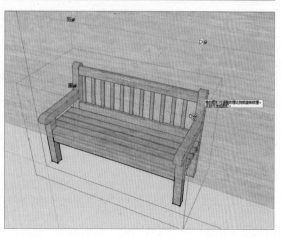

4.3 光影设定

物体在光线的照射下都会产生光影效果，通过阴影效果和明暗对比，可以衬托出物体的立体感。SketchUp的阴影设置虽然简单，但是其功能还是比较强大的。

4.3.1 设置地理参照

南北半球的建筑物接受日照不一样，因此，设置准确的地理位置，是SketchUp产生准确光影效果的前提，操作步骤如下：

01 执行"窗口>模型信息"命令，打开"模型信息"对话框，选择"地理位置"选项，可以看到当前模型尚未进行地理定位，如下左图所示。

02 单击"手动设置位置"按钮，打开"手动设置地理位置"对话框，手动输入地理位置，如下右图所示，单击"好"按钮即可。

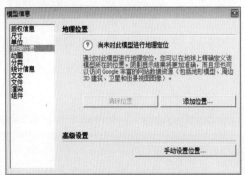 

> **提示** 设置地理位置的重要性
>
> 很多用户不注意地理位置的设置。由于纬度的不同，不同地区的太阳高度、太阳照射的强度也不一样，如果地理位置设置不正确，则阴影与光线的模拟也会失真，从而影响整体的效果。

4.3.2 阴影设置

通过"阴影"工具栏可以对时区、日期、时间等参数进行十分细致的调整，从而模拟出十分准确的光影效果。执行"视图>阴影"命令，在打开的下拉列表中勾选"阴影"选项，即可打开"阴影"工具栏，如下图所示。

1. 设置阴影参数

单击"阴影设置"按钮，打开"阴影设置"对话框，该对话框中第一个参数设置是UTC调整，UTC是协调世界时的英文缩写。在中国统一使用北京时间（东八区）为本地时间，因此以UTC为参考标准，北京时间应该是UTC+8:00，如右图所示。

设置好UTC时间后，拖动面板中"时间"后面的滑块，对时间进行调整，在相同的日期不同的时间将会产生不同的阴影效果，下图为一天中四个时辰不同的阴影效果。

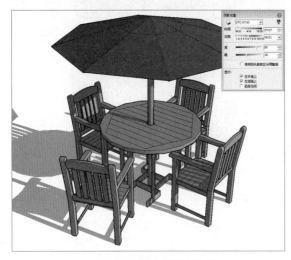

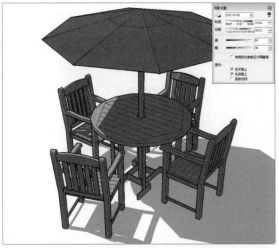
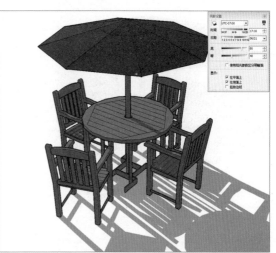

而在同一时间下，不同日期也会产生不同的阴影效果，下图为一年中不同的四个月份的阴影效果。

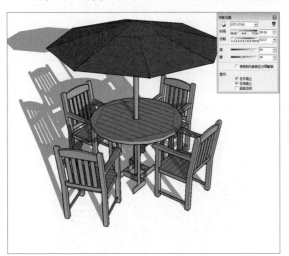

　　在其他参数不变的情况下，调整"亮"和"暗"参数滑块，也可以改变场景中阴影的明暗对比效果，如下图所示。

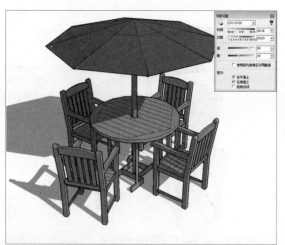 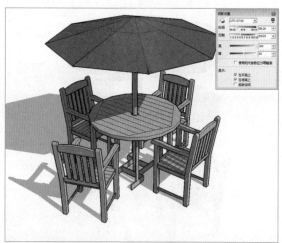

2. 阴影的显示切换

　　在SketchUp中，用户可以通过"阴影"工具栏中的"显示/隐藏阴影"按钮对整个场景的阴影进行显示与隐藏切换，如下图所示。

4.3.3 物体的投影与受影设置

在实际生活中，除了极为透明的物体外，在灯光或者阳光的照射下物体都会产生阴影效果。在使用SketchUp绘图时，为了美化图像或者保持明暗对比效果，用户可以人为地取消一些模型的投影与受影效果，其具体的操作方法如下：

01 调整模型的阴影，使其产生真实的阴影效果，如右图所示。

02 在遮阳伞上单击鼠标右键，在弹出的快捷菜单中选择"图元信息"命令，如下左图所示。

03 在弹出的"图元信息"对话框中可以看到"投射阴影"与"接收阴影"复选框都已经被勾选。取消勾选"投射阴影"复选框，可以看到场景中的遮阳伞不再有阴影显示，如下右图所示。

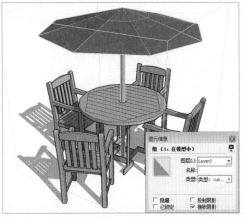

04 恢复"投射阴影"复选框的勾选后，如果只选择桌子模型并取消其"接收阴影"复选框的勾选，则遮阳伞不会在桌子上投影，如下左图所示。

05 如果同时取消勾选桌子模型的"投射阴影"和"接收阴影"复选框，则遮阳伞及椅子正常投影，而桌子的投影消失，如下右图所示。

知识延伸：雾化效果

在SketchUp中，有一种特殊的雾化效果，可以烘托环境的氛围，增加一种雾气朦胧的效果。下面将对其具体的操作过程进行介绍：

01 打开模型，可以看到模型在现有阳光下的效果，如右图所示。

02 执行"窗口>雾化"命令，打开"雾化"对话框，可看到当前模型并未勾选"显示雾化"复选框，如下图所示。

03 勾选"显示雾化"复选框，并调整右侧的距离滑块，可以看到场景中已经产生了浓雾的效果，如右图所示。

04 拖动左侧滑块，调整雾气细节，整体上并未产生太大的变化，如下左图所示。

05 在默认设置下雾气的颜色是与背景颜色一致，这里取消"使用背景颜色"复选框的勾选，调整右侧色块的颜色来改变雾气颜色，最后形成清晨淡淡雾气下光照的效果，如下右图所示。

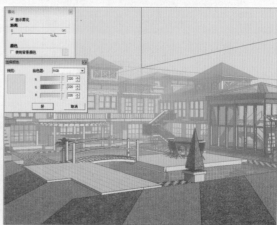

上机实训：为场景添加特效

通过学习本章的知识，相信读者对SketchUp的高级功能已有所了解，包括材质的添加、背景的制作以及场景效果的设置等，下面将利用前面学习的知识来制作一个场景效果。

步骤 01 打开实例模型，观察模型现有的状态，如下图所示。

步骤 02 激活材料工具，打开材质编辑器，创建草皮材质，如下图所示。

步骤 03 双击模型进入编辑模式，将材质指定给草地对象，如下图所示。

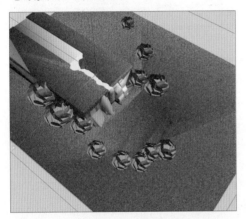

步骤 04 继续创建山石材质，如下图所示。

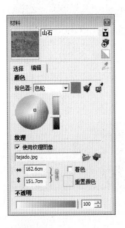

步骤 05 将材质指定给山体模型，如下图所示。

步骤 06 创建水纹材质，如下图所示。

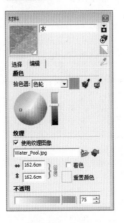

步骤 07 将材质指定给水流对象，如下图所示。

步骤 08 退出编辑模式，创建一个矩形并与水流对象进行群组，如下图所示。

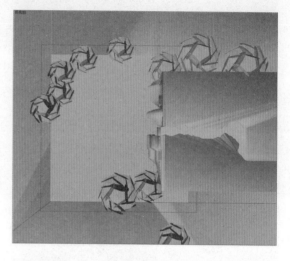

步骤 09 将水纹材质指定给矩形对象，并调整对象位置，如下图所示。

步骤 10 执行"窗口＞阴影"命令，打开"阴影设置"对话框，显示阴影，并调整时间、日期以及明暗度参数，如下图所示。

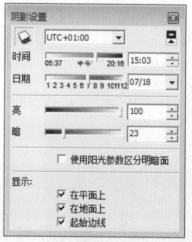

步骤 11 调整视角，效果如右图所示。

步骤 12 执行"窗口＞样式"命令，打开"样式"面板，切换到"背景设置"选项卡，设置天空颜色为蓝色，如右图所示。

步骤 13 经过上述设置后，场景效果如右图所示。

步骤 14 执行"窗口＞雾化"命令，打开"雾化"面板，勾选"显示雾化"复选框，调整雾化距离，如下图所示。至此，完成该场景效果的制作，其最终效果如右图所示。

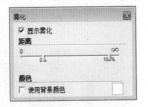

课后练习

1. 选择题

(1) SketchUp的材质属性包括_____种。

    A. 名称、阴影、透明度、纹理坐标、尺寸大小

    B. 名称、颜色、透明度、纹理贴图、尺寸大小

    C. 名称、材质、透明度、纹理贴图、尺寸大小

    D. 名称、颜色、透明度、纹理贴图、数量大小

(2) 以下_____是场景信息正确的一组内容。

    A. 矩形   B. 阴影   C. 单位   D. 群组

(3) 相比较3ds Max而言，SketchUp中的材质贴图缺少了_____。

    A. 颜色   B. 尺寸   C. 凹凸   D. 透明度

(4) 关于组件工具的说法，_____是正确的。

    A. 组件可将部分模型包裹起来不受外界（其他部分）的干扰，同样也便于对其进行单独操作

    B. 对组件中一个模型进行编辑时，其他模型也会同样变化

    C. 组件中还可以嵌套组件

    D. 对于暂不需要编辑的组件，用户可以暂时将其锁定

(5) 以下_____不属于物体的显示模式。

    A. X射线   B. 线框   C. 阴影纹理   D. 平滑

2. 填空题

(1) 在SketchUp软件中，线的粗细、端点的显示大小、轮廓的线宽应该在_____窗口中调整。

(2) 实体工具中的_____、_____、_____相当于3ds Max中的并集、交集、差集。

(3) 用户可以在菜单中设置边线的显示效果，还可以通过_____对边线进行设置。

(4) 启用漫游工具后，用户通过_____、_____以及_____完成前进、上移、加速、旋转等漫游动作

(5) 用户可以通过"阴影"工具栏对_____、_____、_____等参数进调整。

3. 上机题

用户课后可以对现有的场景模型进行背景天空、阴影等效果设置，场景参考图片如下。

中文版SketchUp Pro 2015艺术设计实训案例教程

本章概述

我们在使用SketchUp软件绘图时，通常需要将外部的图形导入到当前绘制的图形中，也会将已经绘制好的图形导出成为二维或三维图形，这就需要我们熟练地使用导入及导出命令。本章将对SketchUp的导入与导出功能进行全面介绍。

核心知识点

❶ 导入CAD图纸
❷ 导入3DS模型
❸ 导入图像文件
❹ 导出DWG/DXF格式文件
❺ 导出三维剖切文件

5.1 SketchUp的导入功能

在实际绘图中，除了在SketchUp中直接建模外，还以通过导入文件来进行建模，比如导入AutoCAD文件、3ds Max文件等。下面将对其相关的导入操作进行逐一介绍。

5.1.1 导入AutoCAD文件

在模型设计过程中，为了提高绘图效率，用户可以将AutoCAD图纸导入到SketchUp中，将其作为三维设计模型的底图，下面详细介绍CAD图纸导入的操作方法。

01 执行"文件>导入"命令，打开"打开"对话框，设置文件类型并选择要导入的CAD文件，如右图所示。

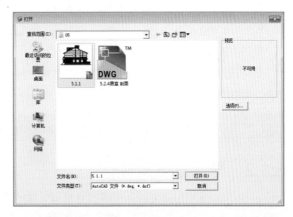

02 单击"选项"按钮，打开"导入AutoCAD DWG/DXF选项"对话框，设置比例单位为毫米，如右图所示。

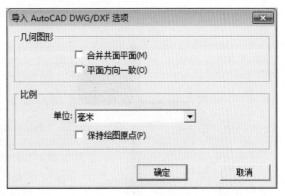

提示 导入图形的默认设置

如果在导入文件前，SketchUp中已经包含实体，那么所导入的图形将会自动合并为一个组，以避免与已有图形混淆在一起。

03 设置完毕后即可导入文件，系统会弹出一个导入进度对话框，如下图所示。导入完毕后，将弹出右图的提示框。

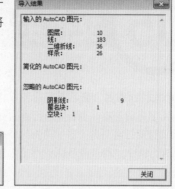

04 关闭提示框，即可在视口中看到所导入的文件，如下左图所示。

05 对比下右图AutoCAD中的图形效果，可以发现两者并无区别，但细节上有差异。

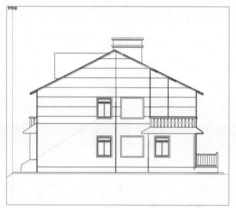
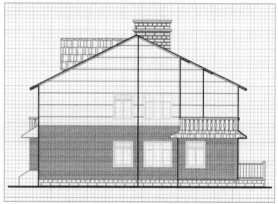

SketchUp目前支持的AutoCAD图形元素包括线、圆形、圆弧、圆、多段线、面、有厚度的实体、三维面、嵌套图块等，还可以支持图层。但是实心体、区域、Splines、锥形宽度的多段线、XREFS、填充图案、尺寸标注、文字和ADT/ARX等物体，在导入时将会被忽略。另外，SketchUp只能识别平面面积大小超过0.0001平方单位的图形，如果导入的模型平面面积低于0.0001平方单位，将不能被导入。

5.1.2　导入3DS文件

在使用SketchUp绘图时，也可以直接导入3DS格式的三维文件，在此需要强调的是，在导入3DS文件很容易出现模型移位的问题，如下左图所示。这种情况下用户可以在3ds Max中将模型转换为可编辑多边形，然后将模型中的其他部分附加为一个整体即可，如下右图所示。

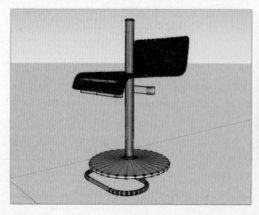
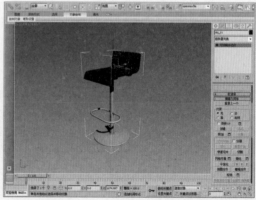

下面介绍3DS文件导入的操作方法，具体步骤如下。

01 执行"文件＞导入"命令，弹出"打开"对话框，设置文件类型为".3ds"，选择要导入的3DS文件，如下左图所示。

02 单击"选项"按钮，打开"3DS导入选项"对话框，勾选"合并共面平面"复选框，并设置单位为毫米，如下右图所示。

 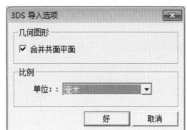

03 设置完成后导入文件，系统会弹出导入进度提示框，将文件导入后，会弹出导入结果的对话框，如下左图所示。

04 关闭提示框，即可看到3DS文件成功导入后的效果，如下右图所示。

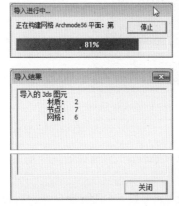 

5.1.3 导入图像文件

SketchUp还支持导入JPG、PNG、TIF等常用图像文件，其具体导入的操作步骤如下：

01 执行"文件＞导入"命令，弹出"打开"对话框，设置文件类型为JPEG图像，选择"用作图像"单选按钮，再选择要导入的图像文件，如下左图所示。

02 导入图像文件后，根据需要调整图像的大小与位置，场景效果如下右图所示。

5.2 SketchUp的导出功能

为了更好地与其他建模软件交互使用，SketchUp应用程序支持导出为多种格式文件，其中包括DWG/DXF格式、3DS格式、JPG格式、BMP格式等。本节将对各种格式文件的导出操作进行详细介绍。

5.2.1 导出为DWG/DXF格式文件

为了方便在AutoCAD软件中编辑图纸，用户可以将在SketchUp中绘制好的图形导出为DWG/DXF格式，下面将对其中的两种导出情形进行详细介绍。

1. 导出三维模型

将SketchUp中的效果图导出为AutoCAD DWG文件的具体操作步骤如下：

01 打开模型文件，执行"文件＞导出＞三维模型"命令，如下图所示。

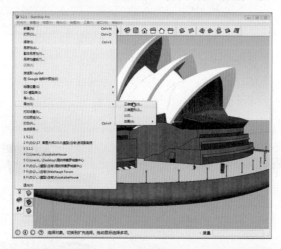

> **提示 ▶ AutoCAD版本的选择**
> 在导出AutoCAD文件时，可在"Auto导出选项"对话框中设置各项参数，如AutoCAD的版本及图像元素。

02 打开"输出模型"对话框，选择输出位置并设置输出类型，如下左图所示。

03 单击"选项"按钮，打开"AutoCAD导出选项"对话框，从中可以设置导出文件版本及选项，如下右图所示，设置完成后单击"确定"按钮。

04 返回到"输出模型"对话框，单击"导出"按钮，即可将模型导出，模型导出完毕后，系统会弹出提示框，如下左图所示。

05 用AutoCAD软件打开导出的图形文件，效果如下右图所示。

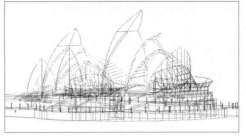

2. 导出二维剖切文件

用户可以将SketchUp中剖切的图形导出为AutoCAD可用的DWG格式文件，从而在AutoCAD中加工成施工图，下面将介绍其具体操作步骤。

01 打开模型文件，在下左图中可以看到该场景已经应用了剖切工具，在视图中可以看到其内部布局。

02 执行"文件＞导出＞剖面"命令，打开"输出二维剖面"对话框，设置输出类型及路径，如下右图所示。

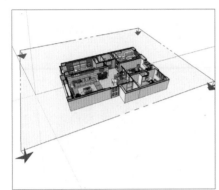

03 单击"选项"按钮，打开"二维剖面选项"对话框，根据导出要求设置参数，如下左图所示。

04 设置完毕后关闭对话框，返回上一层对话框，单击"导出"按钮将文件导出，打开导出的文件，如下右图所示。

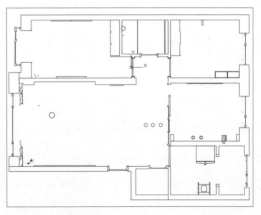

5.2.2　导出为3DS格式文件

为了能够使用3ds Max应用程序进行后期的渲染处理，那么就需要将SketchUp绘制好的模型进行导出，这时应当注意导出格式的选择，否则将无法完成后期的渲染操作。本案例将介绍以3DS文件格式导出的方法，具体的操作步骤如下：

01 打开模型文件，下左图为设计好的建筑模型。

02 执行"文件＞导出＞三维模型"命令，打开"输出模型"对话框，设置输出类型为3DS文件，并单击"选项"按钮，如下右图所示。

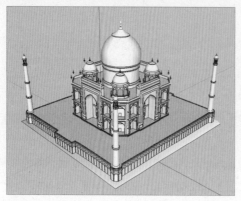

03 打开"3DS导出选项"对话框，根据需要设置相关参数，如下左图所示。

04 设置完毕后关闭"3DS导出选项"对话框，将模型导出到指定位置，导出完毕后，系统会弹出提示框，如下右图所示。

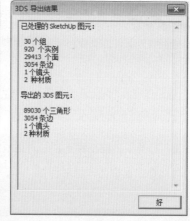

05 找到导出的3DS文件，使用3ds Max软件将其打开，如下左图所示。可以看到导出的3DS文件不但有完整的模型文件，还自动创建了对应的摄影机。

06 在默认渲染摄影机视口，效果如下右图所示。

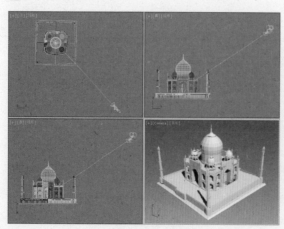
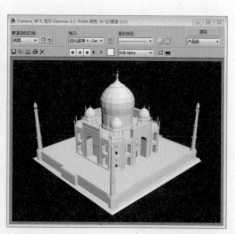

提示 设置3DS导出选项

在导出3DS文件之前，用户可以在"3DS导出选项"对话框中对相应的选项进行设置，其中，该对话框中各选项的含义介绍如下：

● **完整层次结构**：使用该选项导出3DS文件，SketchUp会自动进行分析，按照几何体、组及组件定义来导出各个物体。由于3DS格式不支持SketchUp的图层功能，因此导出时只有最高一级的模型会导出为3DS模型文件。

● **按图层**：该选项导出3DS文件，将以SketchUp组件层级的形式导出模型，在同一个组件内的所有模型将转化为单个模型，处于最高层次的组件将被处理成一个选择集。

● **按材质**：使用该选项导出3DS文件，将以材质类型对模型进行分类。

● **单个对象**：使用该选项导出3DS文件，将会合并为单个物体，如果场景较大，应该避免选择该项，否则会导出失败或者部分模型丢失。

● **仅导出当前选择的内容**：勾选该复选框，仅将SketchUp中当前选择的对象导出为3DS文件。

● **导出两边的平面**：若选择"材料"单选按钮，导出的多边形数量和单面导出的多边形数量一样，但是渲染速度会下降。若选择"几何图形"单选按钮，结果就会相反，此时会把SketchUp的面都导出两次，一次导出正面，另一次导出背面，导出的多边形数量增加一倍，同时会造成渲染速度下降。

● **导出独立的边线**：勾选此复选框后，导出的3DS格式文件将会创建非常细长的矩形来模拟边线，但是这样会造成贴图坐标出错，甚至整个3DS文件无效，因此在默认情况下该选项是关闭的。

● **导出纹理映射**：默认勾选该复选框，这样在导出3DS文件时，其材质也会被导出。

● **从页面生成相机**：默认勾选该复选框，导出的3DS文件中将以当前视图创建相机。

● **比例**：通过其下的选项，可以指定导出模型使用的测量单位，默认设置为模型单位，即SketchUp当前的单位。

5.2.3 导出为平面图像文件

为了便于其他用户的阅读，设计者可以将在SketchUp中设计好的效果图导出为图像文件，如JPG、BMP、TIF、PNG等，在此将以JPG格式文件的导出为例进行介绍，具体步骤如下：

01 打开模型文件，执行"文件＞导出＞二维图形"命令，如右图所示。

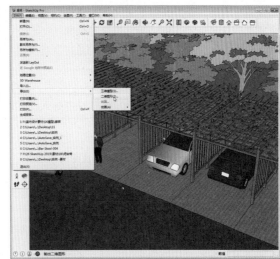

02 打开"输出二维图形"对话框，设置输出类型为JPEG图像，如右图所示。

03 单击"选项"按钮，打开"导出JPG选项"对话框，设置图像大小等导出参数，如下左图所示。

04 设置完毕后关闭该对话框，进行图像导出，导出后效果如下右图所示。

 ## 知识延伸：3DS格式文件导出的局限性

SketchUp中的模型导出为3DS格式文件还是有非常好的效果的，但是导出之前需要注意很多问题，如模型中的组、正反面等。如果不将其一一解决，导出到3ds Max中后将会出现很多麻烦。下面将对3DS格式文件导出时的一些注意事项进行介绍。

1. 物体顶点限制

3DS格式的单个模型最多为64000个顶点与64000个面，如果导出的SketchUp模型超出了这个限制，导出的文件就可能无法在其他三维软件中导入，同时SketchUp自身也会自动监视并进行提示。

2. 嵌套的组或组件

SketchUp不能够将多层次组件的层级关系导出到3DS文件中，否则，组中的嵌套会被打散，并附属于最高层级的组。

3. 双面的表面

在大多数的三维软件中，默认只有表面的正面可见，这样可以提高渲染效率。而SketchUp中的两个面均可见，如果导出的模型没有统一法线，导出到其他应用程序后就可能出现丢失表面的现象。这时，用户可以使用翻转法线命令对表面进行手工复位，或者使用同一相邻表面命令，将所有相邻表面的法线方向统一，即可修正多个表面法线的问题。

4. 双面贴图

在SketchUp中的模型表面会有正、反两面，但是在3DS文件中只有正面的UV贴图可以导出。

上机实训：导入贴图

在前面章节中，介绍了导入图像的方法，导入图像除了进行辅助绘图外，还可以将导入的图片当作贴图使用，下面将对其具体的使用过程进行介绍。

步骤 01 创建一个长方体，执行"文件>导入"命令，打开对话框，选择图片，并选择"用作纹理"单选按钮，如下图所示。

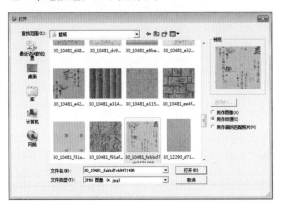

步骤 02 单击"打开"按钮，将图片导入到SketchUp中后，将光标移动到模型的一个端点上，光标会变成油漆桶的样式，如下图所示。

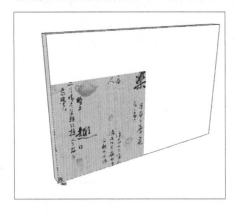

步骤 03 单击鼠标确定端点，拖动鼠标向另一侧对角端点进行捕捉，如下图所示。

步骤 04 单击确定对角点，即可将导入的图片用作材质赋予到模型表面，如下图所示。

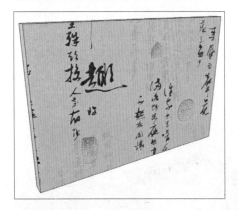

如果在"打开"对话框中选择"用作新的匹配照片"单选按钮，则图片导入后，SketchUp会出现右图的界面，用户可以对其进行配置调整。

课后练习

1. 选择题

(1) 用户可以使用_____工具绘制辅助线。

    A. 线条   B. 量角器   C. 卷尺   D. 尺寸

(2) SketchUp不可以对动画场景进行_____。

    A. 添加   B. 复制   C. 更新   D. 删除

(3) SketchUp的标准视图主要有六种，分别是_____。

    A. 等轴视图、仰视图、俯视图、前视图、左视图、后视图

    B. 等轴视图、俯视图、主视图、右视图、后视图、左视图

    C. 仰视图、俯视图、主视图、左视图、后视图、前视图

    D. 等轴视图、俯视图、前视图、左视图、后视图、右视图

(4) SketchUp的绝对坐标输入形式是_____。

    A. x, y, z   B. x y z   C. x/y/z   D. x-y-z

(5) 移动对象时按住_____键表示复制对象。

    A. Shift   B. Ctrl   C. Alt   D. 空格

2. 填空题

(1) SketchUp只能识别平面面积大小超过_____平方单位的图形，如果导入的模型平面面积低于该平方单位，将不能被导入。

(2) SketchUp能够导出_____、_____、_____、_____等格式的二维图像文件。

(3) SketchUp选择对象时，单击可选择模型中的某个元素，当选择了多余的元素时，按住_____可以减选对象；当需要增加元素时，按住_____可以加选对象。

(4) 相机位置工具主要用来在某一位置观察模型，一般需要配合_____工具来完成。

3. 上机题

用户课后可以试着将一个SketchUp文件导出成3DS格式的文件，如下图所示。

 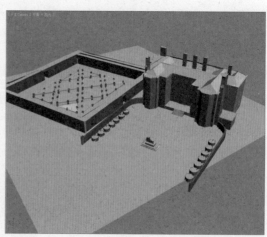

中文版SketchUp Pro 2015艺术设计实训案例教程

02 PART 综合案例篇

综合案例篇共包含5章内容，对SketchUp Pro 2015的应用热点逐一进行理论分析和案例精讲，在巩固前面所学的基础知识的同时，使读者将所学知识应用到日常的工作学习中，真正做到学以致用。

本章概述

前面章节对SketchUp的基本操作、绘图方法、建模要领等内容进行了详细介绍，本章将综合利用前面所学的知识，制作日常所需的模型，比如家具模型、植物模型等。通过对本章内容的学习，使读者能够熟练掌握该软件并能够创建效果逼真的模型。

核心知识点

❶ 书架模型的制作
❷ 吧台椅模型的制作
❸ 植物模型的制作

6.1 制作简易书架模型

本小节制作的是一个简易的书架模型，由木质框架组成，造型简单明了，制作起来也很容易，具体操作步骤如下：

步骤 01 使用直线工具，绘制一个竖向的280mm×950mm的长方形，如下图所示。

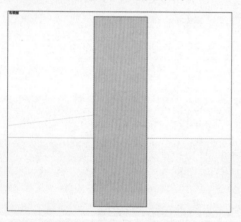

步骤 02 激活圆形工具，捕捉下方边线的中点，绘制一个半径为90mm的圆，如下图所示。

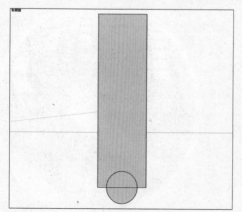

步骤 03 选择需要删除的线条，按Delete键将其删除，如下图所示。

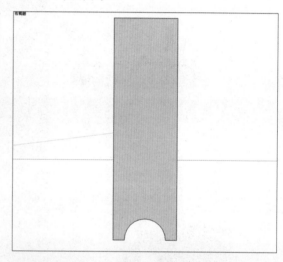

步骤 04 选择顶部边线，激活移动工具，按住Ctrl键将其向下移动复制250mm、13mm、300mm、13mm、250mm、13mm，如下图所示。

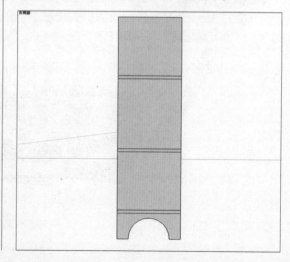

步骤 05 再将两侧的边线各自向内移动复制50mm、50mm，如下图所示。

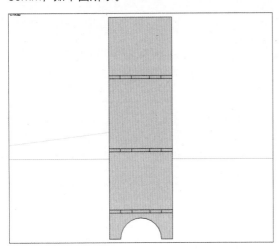

步骤 06 删除多余的线和面，绘制出书架侧面的挡板模型，如下图所示。

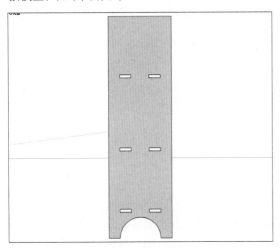

步骤 07 激活推拉工具，将面推出13mm，如下图所示。

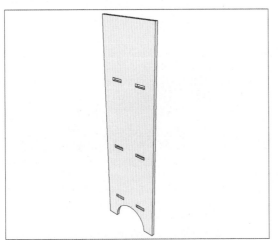

步骤 08 将上方的一条边线向下移动复制250mm，如下图所示。

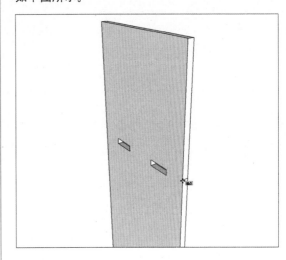

步骤 09 激活移动工具，将边线向左移动100mm，如下图所示。

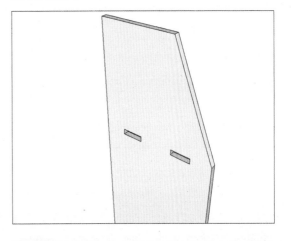

步骤 10 继续将顶部左侧的边线向右依次移动复制20mm、5mm、25mm、5mm、15mm、5mm、25mm、5mm、15mm、5mm、25mm、5mm，如下图所示。

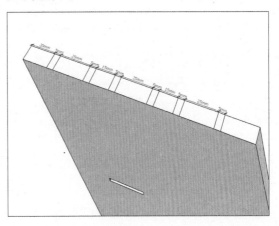

步骤 11 激活直线工具，绘制小长方形的对角线，如下图所示。

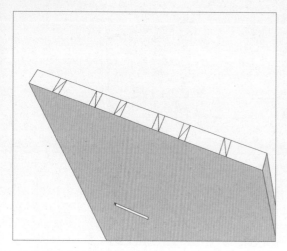

步骤 12 删除对角线之外的直线，如下图所示。

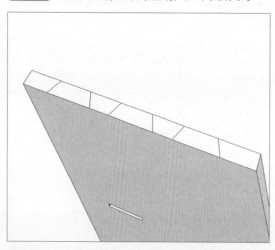

步骤 13 激活推拉工具，将面向下推出13mm，制作出书架的一块立板，将其创建成组，如下图所示。

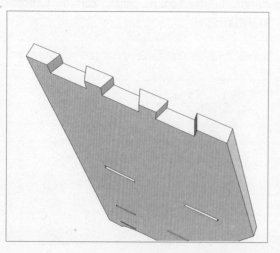

步骤 14 按住Ctrl键向右侧复制模型，如下图所示。

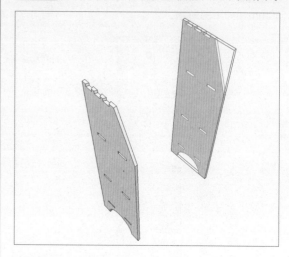

步骤 15 双击模型进入编辑模式，激活推拉工具，将面推出，填充缺口，如下图所示。

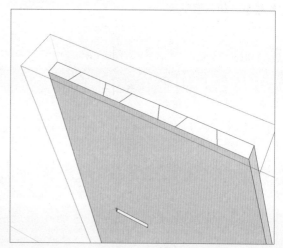

步骤 16 捕捉中点复制边线，如下图所示。

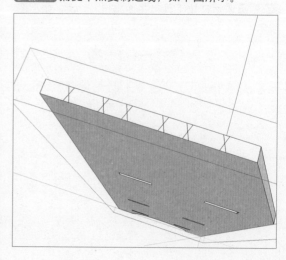

步骤 17 删除多余的线条，如下图所示。

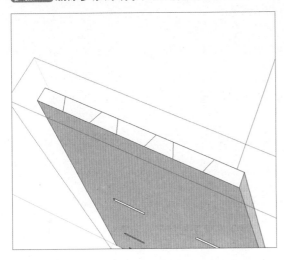

步骤 18 激活推拉工具，将面向下推出13mm，制作出相反的缺口，如下图所示。

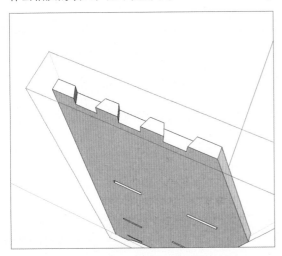

步骤 19 激活矩形工具，绘制800mm×180mm的矩形，如下图所示。

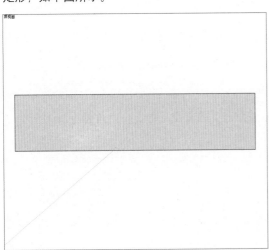

步骤 20 将两侧的边向内移动复制13mm，如下图所示。

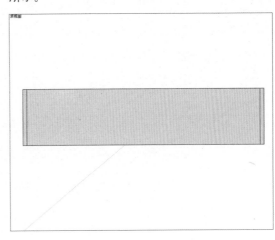

步骤 21 再将两侧上方的边线向下移动复制20mm、5mm、25mm、5mm、15mm、5mm、25mm、5mm、15mm、5mm、25mm、5mm，如下图所示。

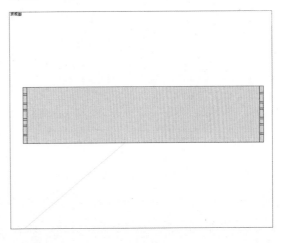

步骤 22 绘制小长方形的对角线，并删除对角线之外的线角，如下图所示。

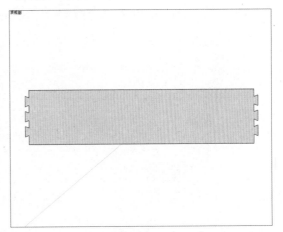

步骤 23 激活推拉工具，将模型推出13mm的厚度，将其创建成组，如下图所示。

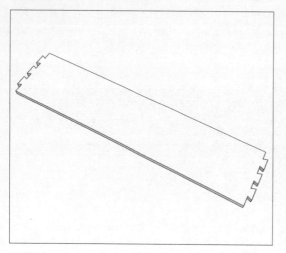

步骤 24 将创建的模型拼合起来，如下图所示。

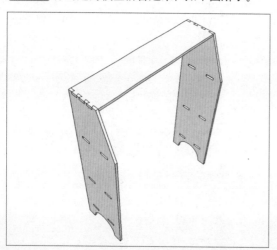

步骤 25 激活矩形工具，捕捉绘制一个矩形，如下图所示。

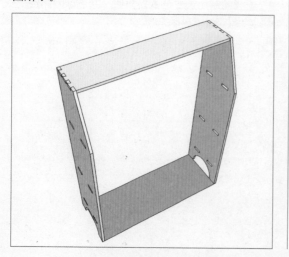

步骤 26 激活推拉工具，将矩形向上推出13mm，如下图所示。

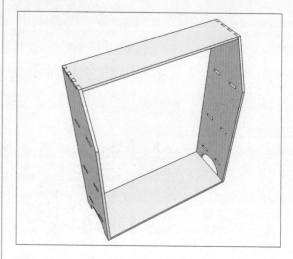

步骤 27 将其创建成组，并移出来，如下图所示。

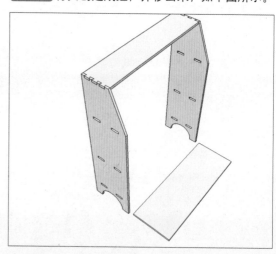

步骤 28 双击进入编辑模式，将两侧的边线都向内移动复制50mm、50mm，如下图所示。

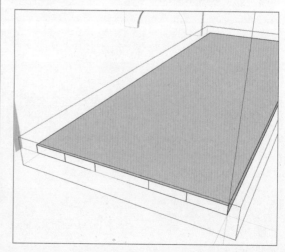

步骤29 激活推拉工具，将面向外推出26mm，制作出搁板造型，如下图所示。

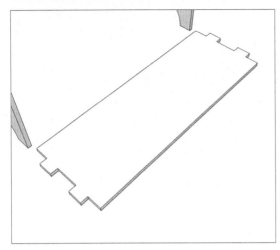

步骤30 调整模型位置，如下图所示。

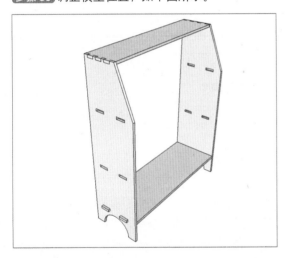

步骤31 向上复制搁板模型，完成书架模型的制作，如下图所示。

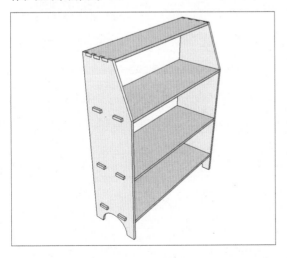

步骤32 创建木质材质，调整材质颜色及纹理尺寸，如下图所示。

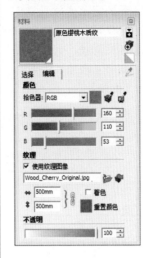

步骤33 为模型添加材质贴图，效果如下图所示。

步骤34 添加书本等装饰模型，最终效果如下图所示。

6.2 制作吧台椅模型

本小节要制作一个家庭用的吧台椅模型，木质的椅子结构以及柔软的坐垫靠背，造型简单大方，建模过程中用到的知识包括直线、矩形、弧线等绘图工具，以及推拉、偏移、路径跟随等编辑工具。吧台椅的具体制作步骤如下：

步骤 01 创建一个350mm×350mm×100mm的长方体，如下图所示。

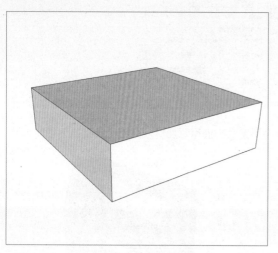

步骤 02 激活弧形工具，绘制两个半径为10mm的弧线，如下图所示。

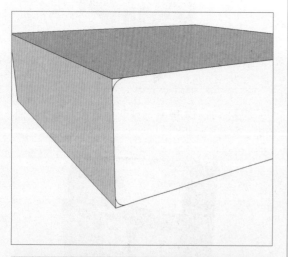

> **提示 ▶ 小提示**
> 利用路径跟随工具在实体模型上创建边角效果时，可以捕捉完整的一周制作需要的效果，也可以任意捕捉实体轮廓线进行效果的制作。

步骤 03 激活路径跟随工具，为模型执行两次操作，如下图所示。

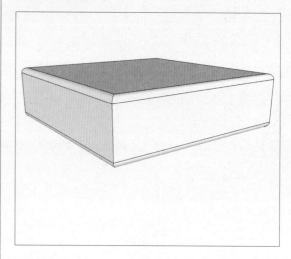

步骤 04 选择模型，单击鼠标右键，在弹出的快捷菜单中选择"柔化/平滑边线"命令，打开"柔化边线"面板，如下图所示。

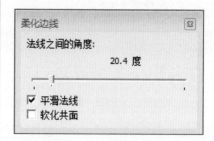

步骤 05 设置完成后关闭该面板，柔滑过后的效果如下图所示，将其创建成组。

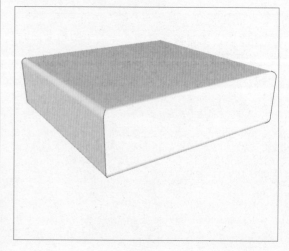

步骤 06 激活直线工具，绘制一个竖向的80mm×320mm长方形，如下图所示。

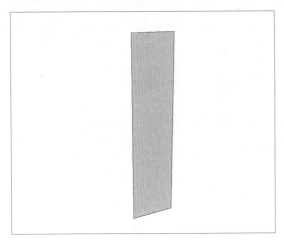

步骤 07 激活弧形工具，绘制半径为40mm的半圆及一个半径为80mm的弧线，如下图所示。

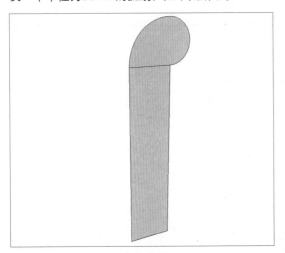

步骤 08 删除长方形和弧线之间的边线，激活推拉工具，将面推出350mm，如下图所示。

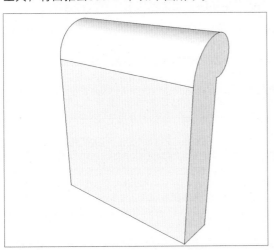

步骤 09 激活弧形工具，在模型底部绘制两个半径为10mm的弧线，如下图所示。

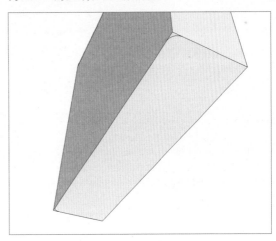

步骤 10 激活路径跟随工具，执行两次操作，如下图所示。

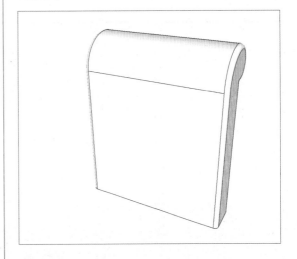

步骤 11 再对模型进行柔化操作，并将其创建成组，如下图所示。

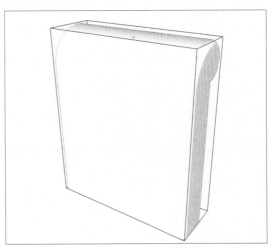

步骤12 调整模型位置，完成了吧台椅坐垫及靠背模型的制作，如下图所示。

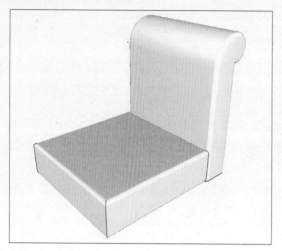

步骤13 制作一个50mm×50mm×650mm的长方体，如下图所示。

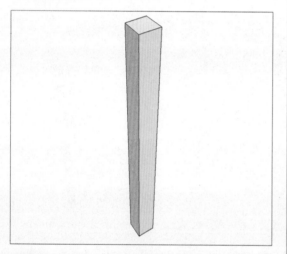

步骤14 选择底部的面及边，激活缩放工具，如下图所示。

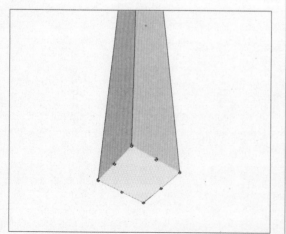

步骤15 选择一个对角控制点进行缩放，设置缩放比例为0.5，如下图所示。

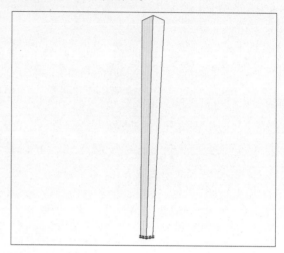

步骤16 激活偏移工具，将底部的边向内偏移8mm，如下图所示。

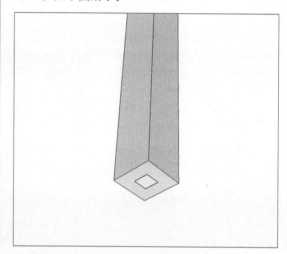

步骤17 激活推拉工具，将中间的面推出10mm，制作出椅子腿，如下图所示。

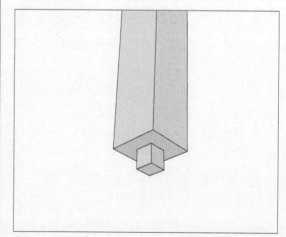

步骤 18 将模型创建成组并进行复制，旋转角度后调整到合适位置，如下图所示。

步骤 19 制作20mm×300mm×30mm的长方体并创建成组，如下图所示。

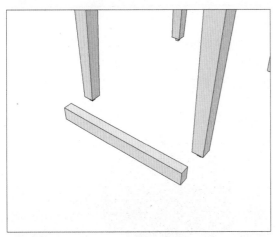

步骤 20 复制模型并调整到合适位置，如下图所示。

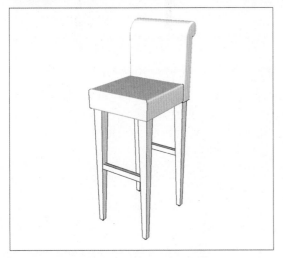

步骤 21 继续复制模型，旋转角度再调整模型长度，将其调整到合适位置，完成吧台椅的制作，如下图所示。

步骤 22 创建蓝色布纹材质，调整纹理尺寸，如下图所示。

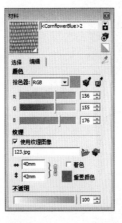

步骤 23 将材质指定给椅子的坐垫及靠背，如下图所示。

步骤 24 创建深蓝色油漆材质，如下图所示。

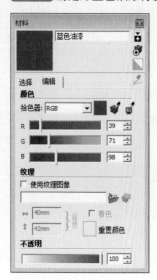

步骤 25 将材质指定给椅子腿，如下图所示。

步骤 26 添加吧台、酒具等模型，最终效果如下图所示。

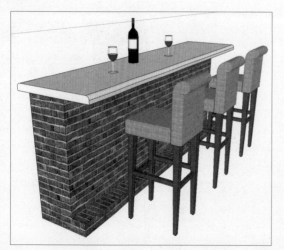

6.3　制作植物模型

　　SketchUp可以利用JPEG格式的图片制作出模型，在此，将以植物模型的制作为例进行介绍，具体的操作步骤如下：

步骤 01 在制作模型之前，首先要在Photoshop中打开图片，如下图所示。

步骤 02 使用魔棒工具选择空白区域，一定要尽量选择所有的空白区域，包括树叶之间的空白，并按Delete键删除，如下图所示。

步骤 03 将图片保存为PNG格式。执行"文件 > 导入"命令，打开"打开"对话框，设置文件类型为"所有支持的图像类型"，选择图片素材文件，再选择"用作图像"单选按钮，单击"打开"按钮，如下图所示。

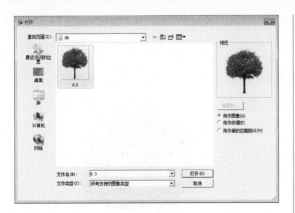

步骤 04 将图片导入到SketchUp中，调整大小并垂直放置，如下图所示。

步骤 05 选择图片并单击鼠标右键，在弹出的快捷菜单中选择"分解"命令，如下图所示。

步骤 06 将图片分解后，再选择周边的黑色边框，单击鼠标右键，在弹出的快捷菜单中选择"隐藏"命令，如下图所示。

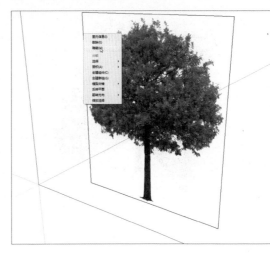

步骤 07 隐藏后的效果如下图所示。

步骤 08 选择图形并进行复制，如下图所示。

步骤 09 激活旋转工具，将图形旋转90°，将其垂直交叉放置，如下图所示。

步骤 10 全选图形，执行"编辑＞创建组件"命令，打开"创建组件"对话框，为图形命名，如下图所示。

步骤 11 单击"设置组件轴"按钮，在场景中选择轴点，这里选择图形交叉的位置，如下图所示。

步骤 12 双击该点，返回到"创建组件"对话框，单击"创建"按钮，即可完成组件的创建，如下图所示。

步骤 13 制作场景，复制植物模型，并添加其他模型到场景中，效果如下图所示。

Chapter 07 居室轴测图的制作

本章概述

SketchUp在室内设计中起到了非常重要的作用，本章将利用SketchUp制作一个单身公寓的居室轴测图。整个设计简约通透，避免了由于空间有限造成的压迫感。通过对本章案例的练习，用户可以更加熟悉前面章节所学习的知识，并能创作出更好的室内设计作品。

核心知识点

❶ 墙体的制作
❷ 地面的制作
❸ 起居室场景的设计
❹ 卫生间场景的设计

7.1 制作居室主体结构

本小节首先要制作居室的主体结构，包括墙体模型、地面模型、门窗模型等。制作过程中会利用到前面章节中学习的很多操作知识。

7.1.1 制作墙体模型

制作户型轴测图的第1步，就是要将平面布局图的CAD文件进行清理，将多余的家具、门窗等图形删除，以方便在SketchUp中操作，再根据平面布局图进行居室框架的制作，操作步骤如下：

步骤 01 在AutoCAD中打开需要的平面布局图，如下图所示。

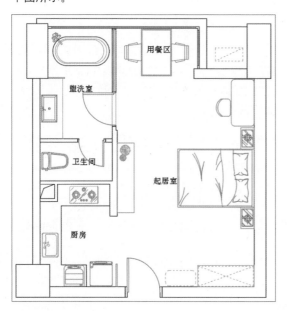

步骤 02 清理多余的图形，以便于在SketchUp中操作，如下图所示。

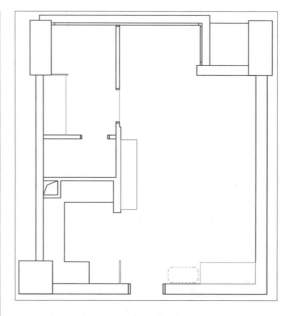

步骤 03 启动SketchUp应用程序，导入平面图，如下图所示。

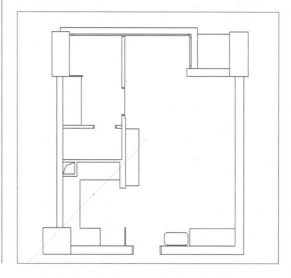

步骤 04 将导入的平面图创建成组，再激活直线工具，捕捉绘制墙体平面，如下图所示。

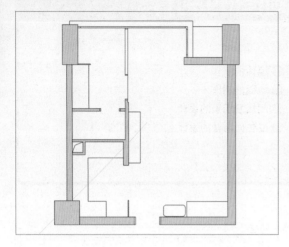

步骤 05 全选图形，单击鼠标右键，在弹出的快捷菜单中选择〝反转平面〞命令，将平面反转，如下图所示。

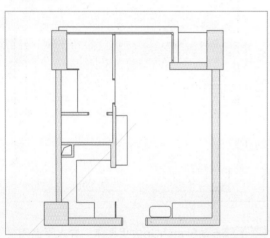

步骤 06 仅选择绘制的平面，将其创建成组，如下图所示。

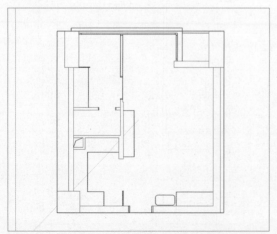

步骤 07 双击图形进入编辑模式，激活推拉工具，将墙体推出2900mm，如下图所示。

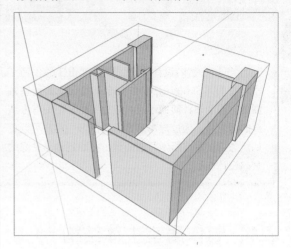

步骤 08 激活选择工具，选择需要删除的线条，按Delete键进行删除，如下图所示。

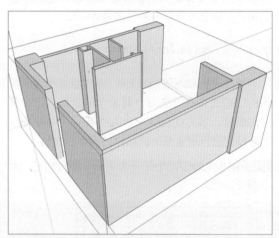

步骤 09 选择入户门下方的线条，激活移动工具，按住Ctrl键向上移动复制，移动距离为2100mm，如下图所示。

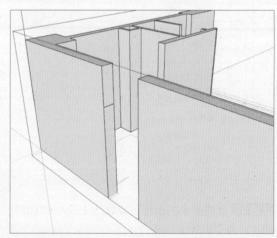

步骤10 激活推拉工具，将上方的面推出，封闭门洞，如下图所示。

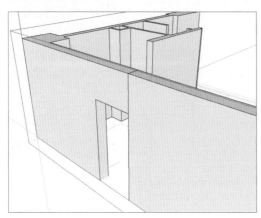

步骤11 激活选择工具，选择需要删除的线条，按Delete键进行删除，如下图所示。

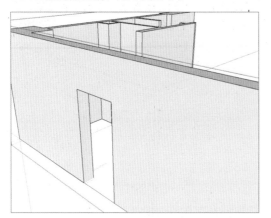

步骤12 照此操作方法制作卫生间及盥洗室的门洞，门洞高度为2250 mm，完成墙体框架的制作，如下图所示。

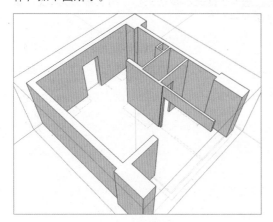

7.1.2　制作地面造型

本案例中的地面不在同一水平线，卫生间地

面要高出150mm，因此在上一小节中制作门洞时，门洞高度要比入户门高出150mm。此外利用地面区域的划分来区分居室各个空间。

步骤01 退出墙体编辑模式，激活直线工具，捕捉绘制地面平面，如下图所示。

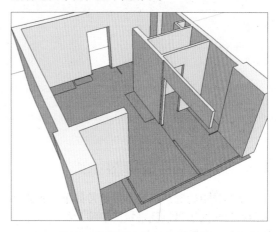

步骤02 将其创建成组，双击进入编辑模式，再反转平面，如下图所示。

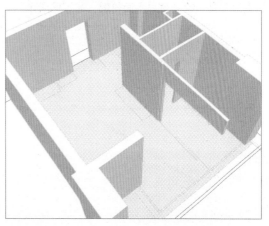

步骤03 激活直线工具，划分厨房及卫生间地面区域，如下图所示。

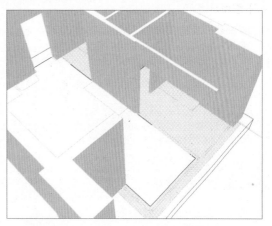

步骤 04 激活推拉工具，将卫生间地面区域向上推出150 mm，如下图所示。

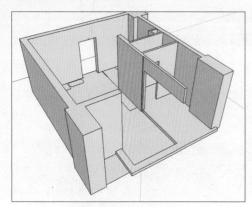

7.1.3　制作门窗模型

本场景中的建筑门窗造型非常简单，主要利用到各种绘图工具以及推拉、偏移、路径跟随等编辑工具，下面将对其制作过程进行介绍：

步骤 01 首先来制作窗户模型和阴影地面模型。激活直线工具，绘制窗户平面轮廓，如下图所示。

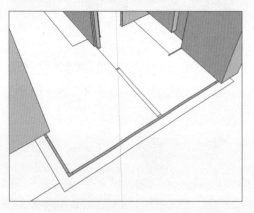

步骤 02 将其创建成组，双击进入编辑模式，反转平面，再激活推拉工具，将面向上推出2750mm，如下图所示。

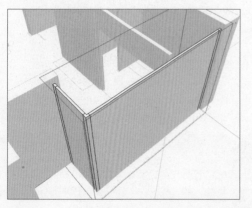

步骤 03 选择下方的直线，激活移动工具，按住Ctrl键向上移动复制，分别移动90mm、800 mm、50mm、1170mm、50mm、500mm，如下图所示。

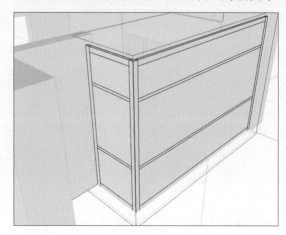

步骤 04 选择下方的一条直线，单击鼠标右键，在弹出的快捷菜单中选择"拆分"命令，如下图所示。

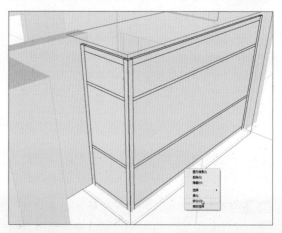

步骤 05 根据提示移动鼠标，将直线分为4段，如下图所示。

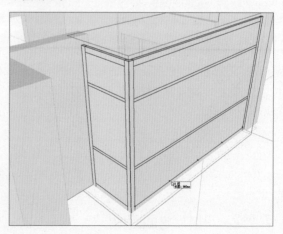

步骤 06 激活直线工具，捕捉绘制竖直线，如下图所示。

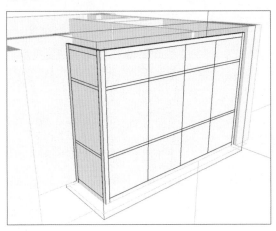

步骤 07 选择直线，如下图所示。

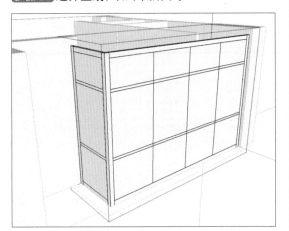

步骤 08 激活移动工具，按住Ctrl键将其向左右两侧移动复制，如下图所示。

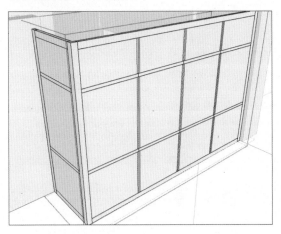

步骤 09 删除两侧多余的线条，如下图所示。

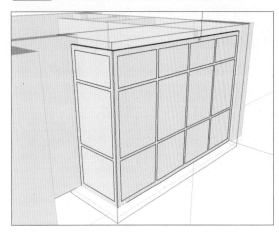

步骤 10 激活推拉工具，将框架中的面推出50mm，制作出窗户框架，如下图所示。

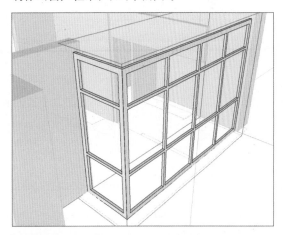

步骤 11 退出编辑模式，激活矩形工具，捕捉绘制一个矩形，如下图所示。

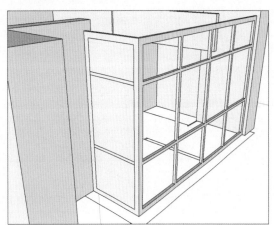

步骤12 激活推拉工具，将矩形推出10mm，再创建成组，制作出玻璃模型，如下图所示。

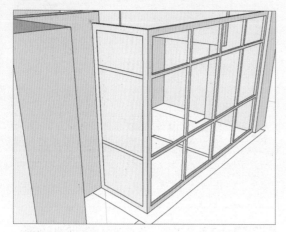

步骤13 将模型移动到合适的位置，如下图所示。

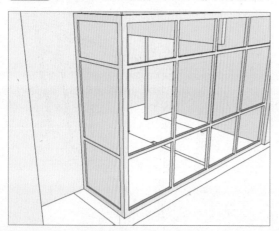

步骤14 同样的方法制作另外一侧的玻璃模型，并移动到合适位置，如下图所示。

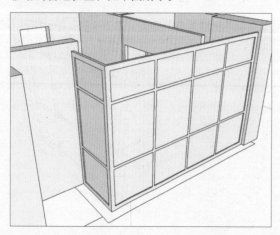

步骤15 取消隐藏地面模型，再次调整窗户模型的位置，如下图所示。

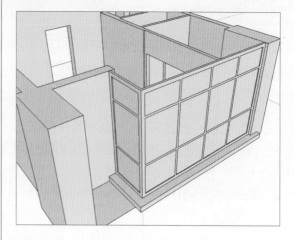

步骤16 接着来制作入户门模型，激活直线工具，绘制门套的横截面造型，如下图所示。

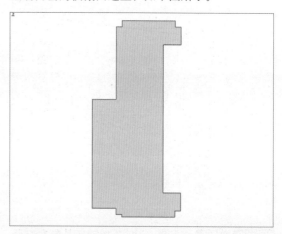

步骤17 将图形移动到门洞边，再捕捉绘制门轮廓线，如下图所示。

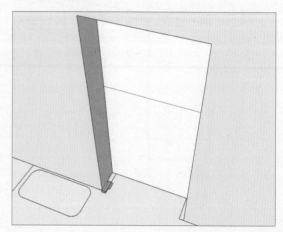

步骤18 选择门轮廓线，激活路径跟随工具，再单击截面，制作出门套造型，如下图所示。

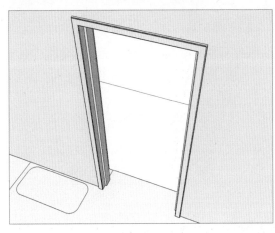

步骤19 将门套和门模型各自创建成组，再导入门锁模型，将其调整到合适位置，完成入户门的制作，如下图所示。

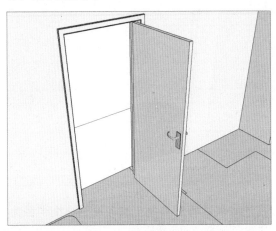

步骤20 接着制作卫生间门模型，首先激活矩形工具，捕捉门洞绘制一个矩形，如下图所示。

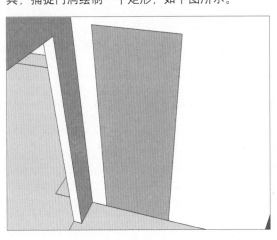

步骤21 将其创建成组，双击进入编辑模式，选择上面的三条边，如下图所示。

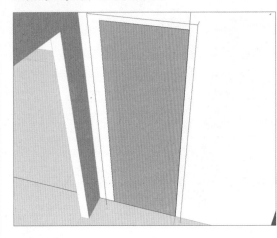

步骤22 激活偏移工具，将边向内偏移30mm，再删除多余的图形，如下图所示。

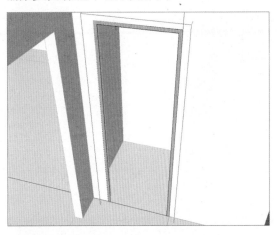

步骤23 激活推拉工具，将面推出90mm，如下图所示。

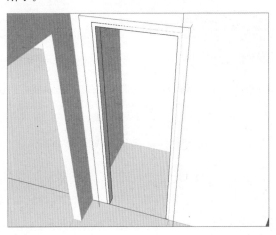

步骤24 退出编辑模式，激活矩形工具，捕捉绘制一个矩形，如下图所示。

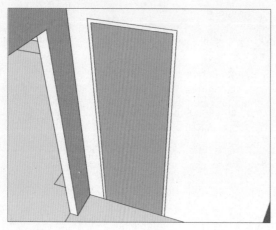

步骤25 将其创建成组，双击进入编辑模式，激活推拉工具，将面推出20mm，如下图所示。

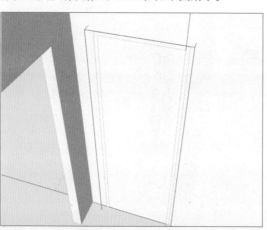

步骤26 将两侧底部的线条向上移动复制450mm、1220mm，如下图所示。

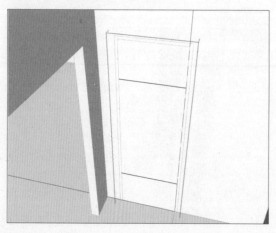

步骤27 调整模型位置，如下图所示。

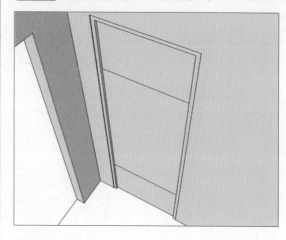

步骤28 利用直线工具和弧线工具，绘制一条长920mm、宽80mm的曲线，如下图所示。

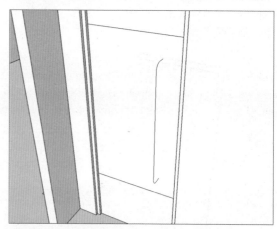

步骤29 激活圆形工具，捕捉绘制一个半径为10mm的圆形，如下图所示。

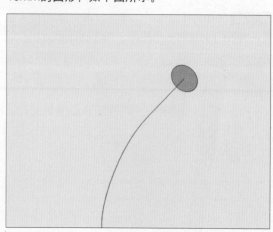

步骤30 选择曲线，激活路径跟随工具，单击圆形，即可制作出门把手模型，如下图所示。

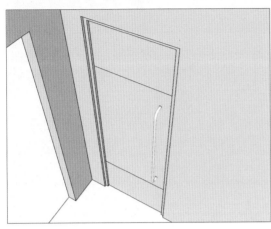

步骤31 按照此方法，在门的另一侧制作一个横向的把手，完成卫生间门模型的制作，如下图所示。

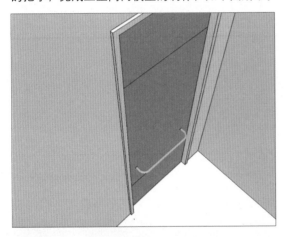

步骤32 接下来制作窗户模型。隐藏地面模型，激活矩形工具，捕捉绘制一个矩形，如下图所示。

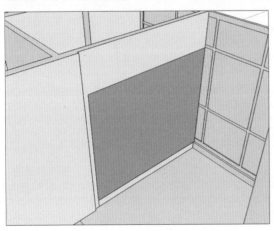

步骤33 将其创建成组，双击进入编辑模式，激活偏移工具，将上方的三条边线向内偏移30mm，如下图所示。

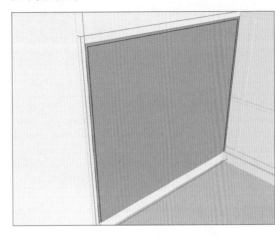

步骤34 再选择左侧边线，将其向右移动偏移850mm、30mm，如下图所示。

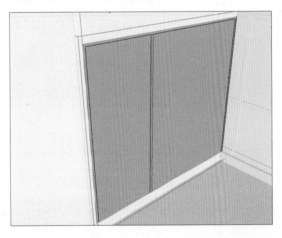

步骤35 选择下方右侧的边线，将其向上移动偏移30mm，如下图所示。

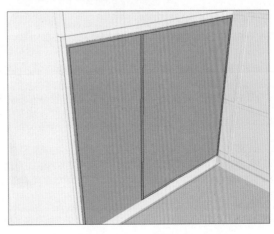

步骤 36 删除多余的线条和面，如下图所示。

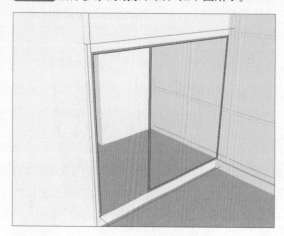

步骤 37 激活推拉工具，将面推出90mm，如下图所示。

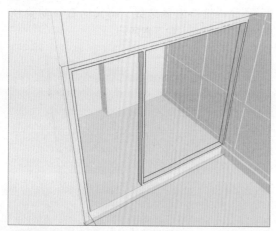

步骤 38 复制卫生间的门模型，调整尺寸及角度，如下图所示。

步骤 39 激活矩形工具，捕捉绘制一个矩形，如下图所示。

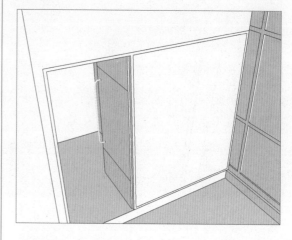

步骤 40 将其创建成组，双击进入编辑模式，激活推拉工具，将面推出20mm，再将两侧的下方线条向上移动复制420mm、1220mm，如下图所示。

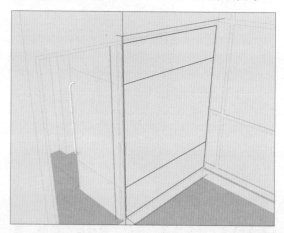

步骤 41 最后移动到厨房位置，激活矩形工具，捕捉绘制一个矩形，如下图所示。

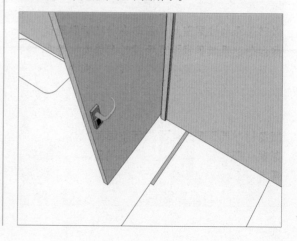

步骤42 将其创建成组，激活推拉工具，向上推出2900mm，如下图所示。

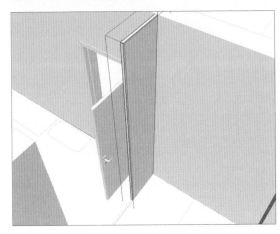

步骤43 再移动到厨房的另一侧墙体，绘制一个220mm×40mm的矩形，与墙体居中对齐，如下图所示。

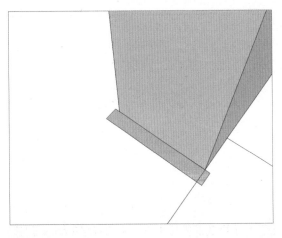

步骤44 将其创建成组，双击进入编辑模式，激活推拉工具，将其推出2900mm，如下图所示。

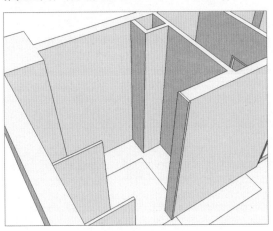

7.2 制作居室空间

本节将对起居室家具模型及墙面造型的制作进行介绍，除了自制模型外，还导入了部分成品模型。

7.2.1 制作起居室场景

在本场景中进门后首先看到的就是起居室，由于是一居室户型，所以起居室就包括了客厅、餐厅、卧室等功能区域，这里将对其制作过程进行详细介绍：

步骤01 首先制作衣柜模型，激活矩形工具，捕捉绘制一个矩形，如下图所示。

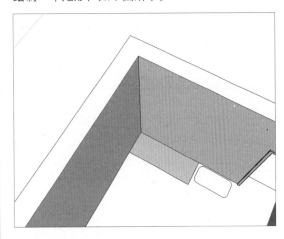

步骤02 将矩形创建成组，双击进入编辑模式，激活推拉工具，将矩形向上推出2000mm，如下图所示。

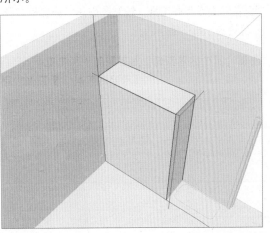

步骤 03 激活偏移工具，将边线向内偏移25mm，如下图所示。

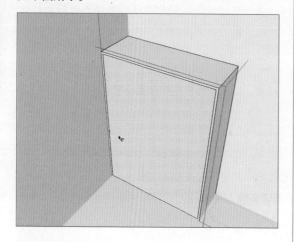

步骤 04 激活推拉工具，将面向内偏移5mm，如下图所示。

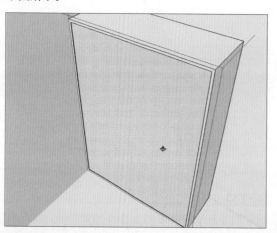

步骤 05 激活直线工具，绘制装饰线，分出柜门及抽屉轮廓，如下图所示。

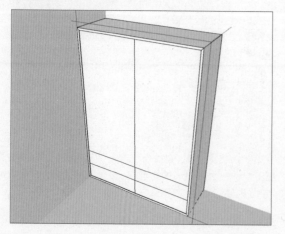

步骤 06 退出编辑模式，创建一个半径为10mm、高度为15mm的圆柱体，并创建成组，如下图所示。

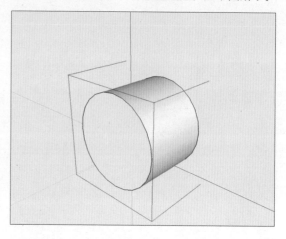

步骤 07 选择一侧的面，激活缩放工具，对该面进行缩放调整，如下图所示。

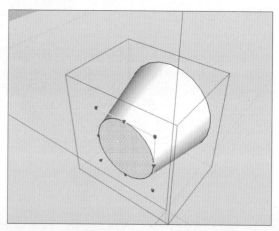

步骤 08 再激活推拉工具，将面推出8mm，创建出柜门拉手模型，如下图所示。

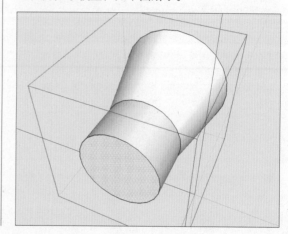

步骤 09 将模型移动到合适的位置，并进行复制，如下图所示。

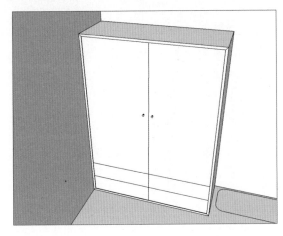

步骤 10 激活直线工具，绘制长度15mm、宽度3mm的图形，如下图所示。

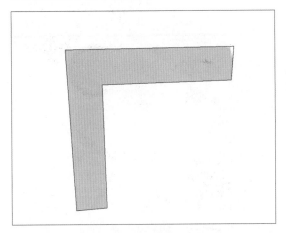

步骤 11 将其创建成组，双击进入编辑模式，激活推拉工具，推出100mm，制作出抽屉拉手模型，如下图所示。

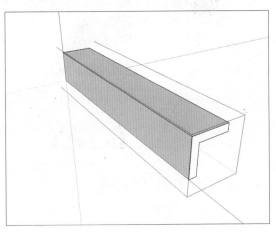

步骤 12 将模型移动到合适位置，并进行复制，如下图所示。

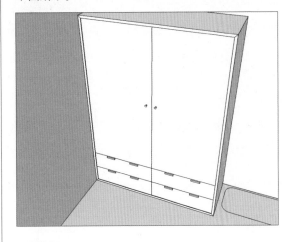

步骤 13 激活矩形工具，绘制一个1460mm×510mm的矩形，如下图所示。

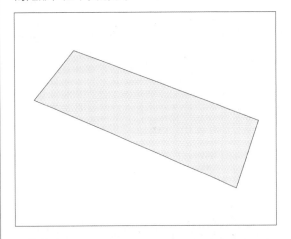

步骤 14 将其创建成组，双击进入编辑模式，激活偏移工具，将边线向内偏移30mm，如下图所示。

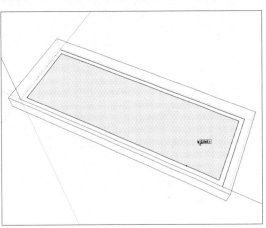

步骤15 删除中间的面，再激活推拉工具，将剩下的面推出30mm，如下图所示。

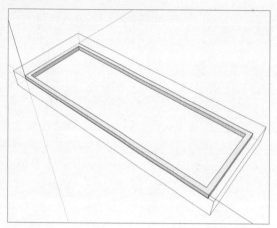

步骤16 转到模型下方，激活直线工具，捕捉绘制线条，如下图所示。

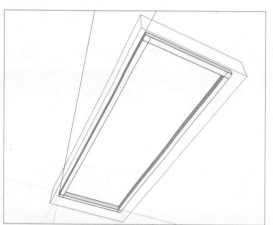

步骤17 激活推拉工具，将四个面推出120mm，如下图所示。

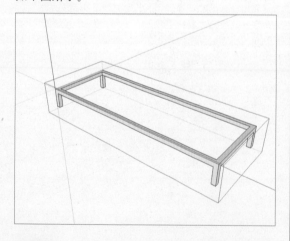

步骤18 将模型移动到合适位置，完成衣柜模型的制作。

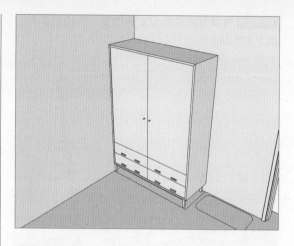

步骤19 然后为起居室添加成品家具模型，如双人床、电脑桌、餐桌、电视机及电视柜等，如下图所示。

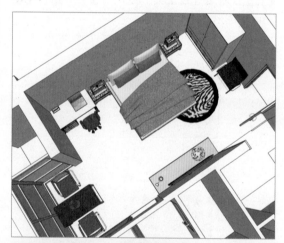

7.2.2 制作厨房场景

起居室制作完成后，接下来制作厨房场景，其中橱柜模型需要根据实际尺寸来制作，操作步骤如下：

步骤01 激活直线工具，在厨房区域捕捉绘制橱柜轮廓，如下图所示。

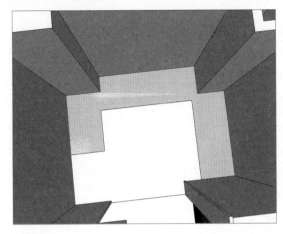

步骤02 将其创建成组，双击进入编辑状态，激活推拉工具，将面推出800mm，如下图所示。

步骤03 选择上方边线，按住Ctrl键将其向下移动复制20mm、660mm，如下图所示。

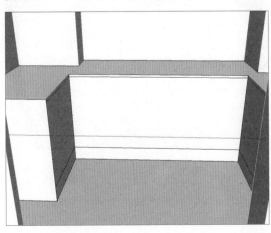

步骤04 激活推拉工具，推出20mm的柜台面，如下图所示。

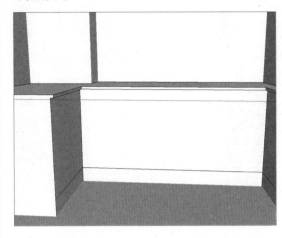

步骤05 选择下方的第二条直线，激活移动工具，按Ctrl键将其向上移动复制635mm，如下图所示。

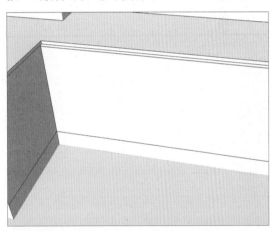

步骤06 选择直线，单击鼠标右键，在弹出的快捷菜单中选择"拆分"命令，将其分为4段，如下图所示。

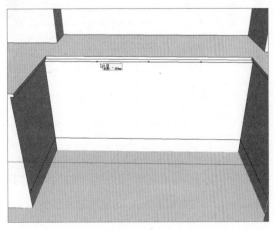

步骤 07 激活直线工具，捕捉分段点绘制直线，如下图所示。

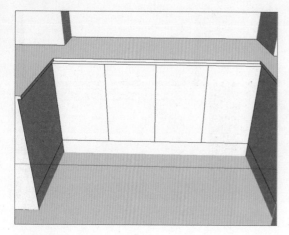

步骤 08 激活偏移工具，将边线向内偏移5mm，如下图所示。

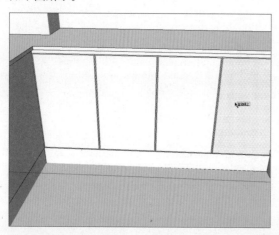

步骤 09 删除多余线条，如下图所示。

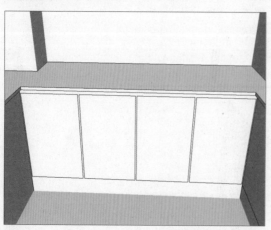

步骤 10 激活推拉工具，推出10mm厚的柜门造型，如下图所示。

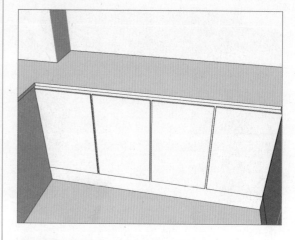

步骤 11 然后将左侧的面推进去，如下图所示。

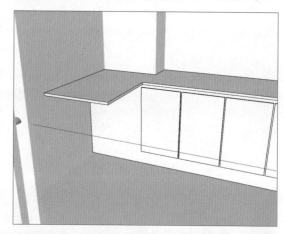

步骤 12 激活偏移工具，将橱柜右侧的面向内偏移100mm，如下图所示。

步骤13 激活推拉工具，将内部的面向内推出10mm，如下图所示。

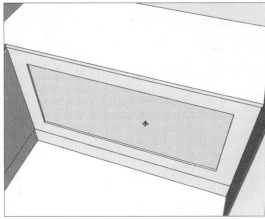

步骤14 激活直线工具，捕捉中点绘制直线，如下图所示。

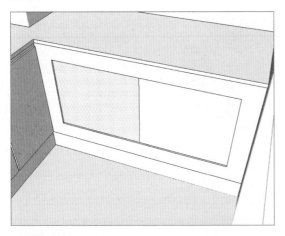

步骤15 激活偏移工具，将边线向内偏移10mm，如下图所示。

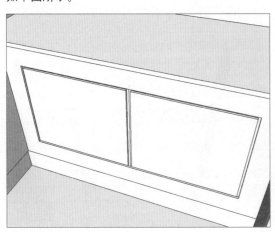

步骤16 激活挤出工具，挤出10mm的柜门，如下图所示。

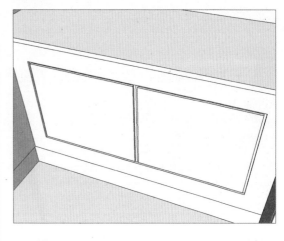

步骤17 利用直线工具和圆弧工具绘制一个平面造型，总长250mm，总宽25mm，圆弧半径为25mm，如下图所示。

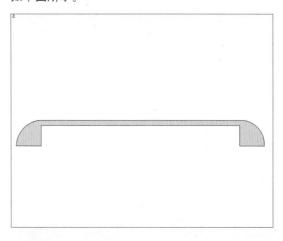

步骤18 将其创建成组，双击进入编辑模式，激活推拉工具，将面推出15mm，制作拉手模型，如下图所示。

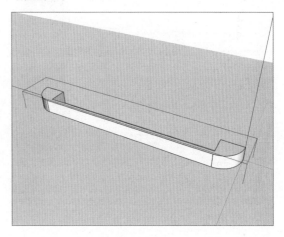

步骤 19 将拉手模型移动到合适位置，并进行复制，如下图所示。

步骤 20 双击橱柜进入编辑模式，激活弧形工具，在橱柜桌面的边缘绘制一条弧线，如下图所示。

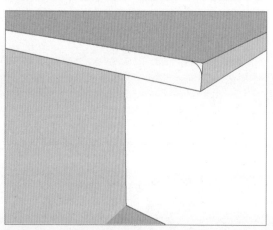

步骤 21 激活路径跟随工具，按住弧形的面绕橱柜边缘一圈，完成橱柜台面边缘造型的制作，如下图所示。

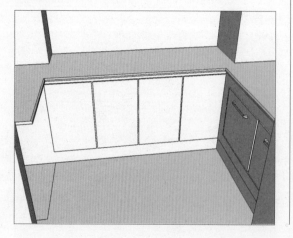

步骤 22 激活矩形工具，在橱柜台面上绘制一个570mm×380mm的矩形，如下图所示。

步骤 23 激活推拉工具，将矩形向下推出250mm，如下图所示。

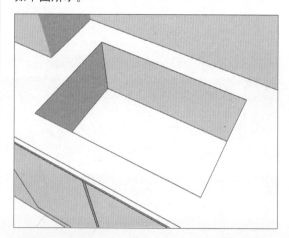

步骤 24 接下来制作吊柜模型，首先激活矩形工具，绘制一个高度为600mm的矩形，使其距地柜1000mm，如下图所示。

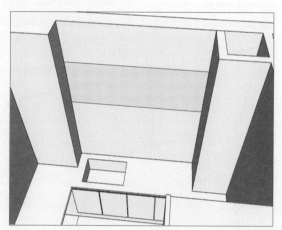

步骤 25 将其创建成组，双击进入编辑模式，激活推拉工具，将面推出与左侧柱子对齐，如下图所示。

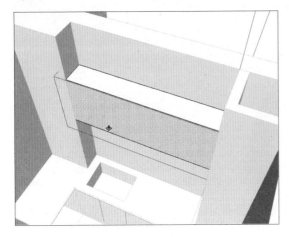

步骤 26 激活偏移工具，将边线向内偏移15mm，如下图所示。

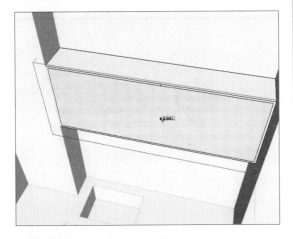

步骤 27 激活推拉工具，将面向内推出12mm，如下图所示。

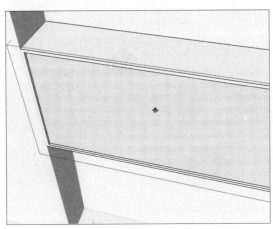

步骤 28 再次激活偏移工具，将线条偏移10mm，如下图所示。

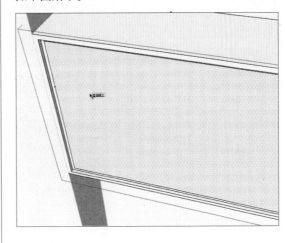

步骤 29 选中下方线条并单击鼠标右键，在弹出的快捷菜单中选择"拆分"命令，将直线分为4段，如下图所示。

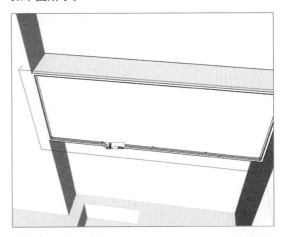

步骤 30 激活直线工具，捕捉分段点绘制直线，将面分为4块，如下图所示。

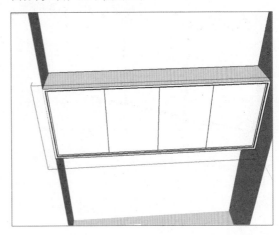

步骤 31 将直线向两侧各偏移5mm，如下图所示。

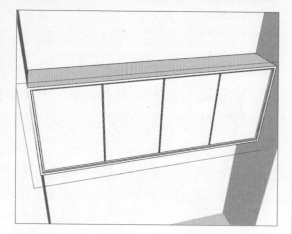

步骤 32 删除多余线条，如下图所示。

步骤 33 激活推拉工具，推出12mm厚的柜门，如下图所示。

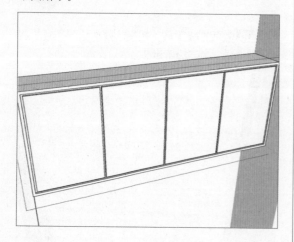

步骤 34 为吊柜和地柜添加把手模型，如下图所示。

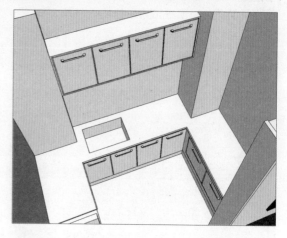

步骤 35 再为场景中添加冰箱、洗衣机、微波炉、水池、油烟机等模型，完成厨房场景的制作，如下图所示。

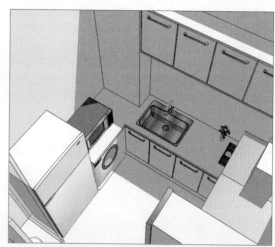

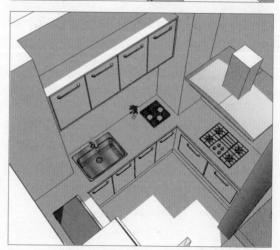

中文版SketchUp Pro 2015艺术设计实训案例教程

7.2.3 制作卫生间场景

下面介绍卫生间场景的制作过程，具体步骤如下：

步骤 01 隐藏卫生间地面模型，激活矩形工具，捕捉绘制一个矩形，如下图所示。

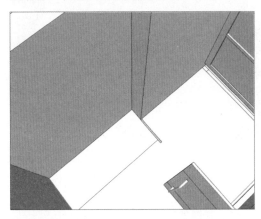

步骤 02 将其创建成组，双击进入编辑模式，激活推拉工具，将面推出2200mm，再退出编辑模式，如下图所示。

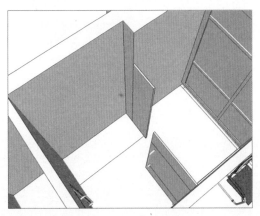

步骤 03 再次激活矩形工具，在洗手台位置捕捉绘制一个矩形，如下图所示。

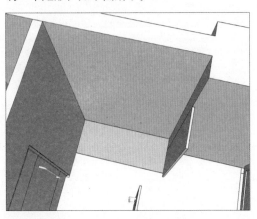

步骤 04 将其创建成组，双击进入编辑模式，激活推拉工具，将面推出750mm，如下图所示。

步骤 05 将两侧的边向内移动复制80mm，将上方的边向下移动复制120mm，如下图所示。

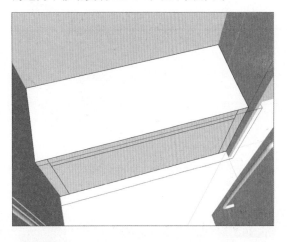

步骤 06 继续向下移动复制350mm、180mm，如下图所示。

步骤 07 激活推拉工具，将面向后方推出600mm，再删除多余线条，如下图所示。

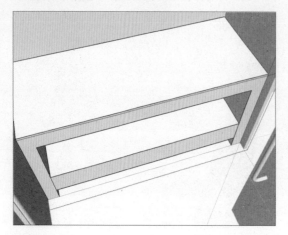

步骤 08 将下方的面推进去10mm，如下图所示。

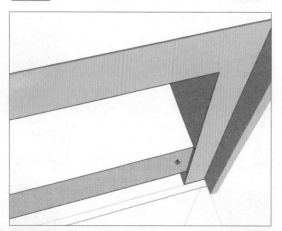

步骤 09 按照上一小节中步骤26～34的操作方法，制作洗手台的抽屉以及洗手台的模型，如下图所示。

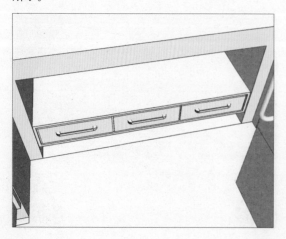

步骤 10 激活矩形工具，在洗手台面上绘制600mm×500mm的矩形，居中对齐到洗手台面，如下图所示。

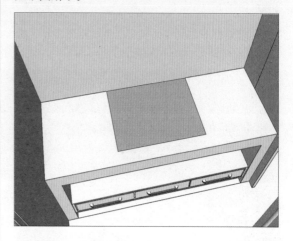

步骤 11 将其创建成组，双击进入编辑模式，激活推拉工具，将面推出150mm，如下图所示。

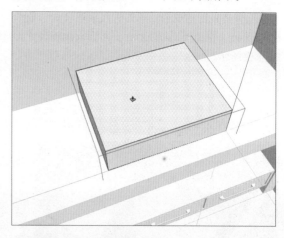

步骤 12 激活偏移工具，将边线向内偏移10mm，如下图所示。

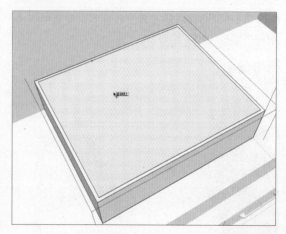

步骤13 激活推拉工具，将中心的面向下推出10mm，如下图所示。

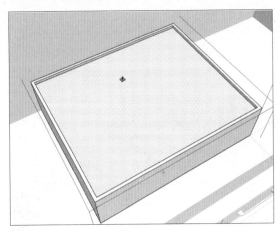

步骤14 再次激活偏移工具，将边线向内偏移45mm，如下图所示。

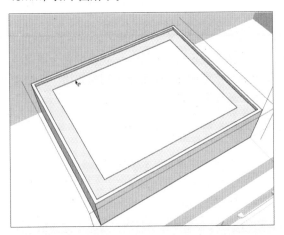

步骤15 再次激活推拉工具，将面向下推出100mm，如下图所示。

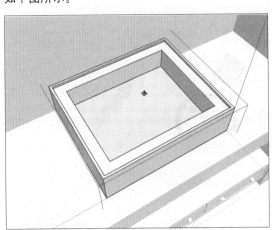

步骤16 退出编辑模式，激活圆工具，在洗手池中央绘制一个半径为10mm的圆形，如下图所示。

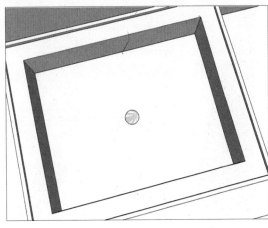

步骤17 将其创建成组，双击进入编辑模式，激活推拉工具，将面推出10mm，如下图所示。

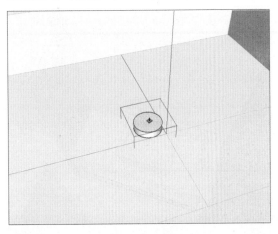

步骤18 选择上方的面，激活缩放工具，将面放大，制作出下水按钮，如下图所示。

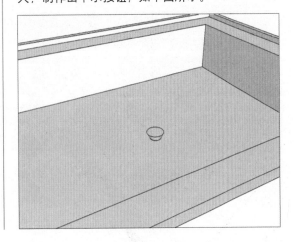

步骤 19 激活矩形工具，绘制1550mm×1000mm的矩形，距离下方洗手台300mm，如下图所示。

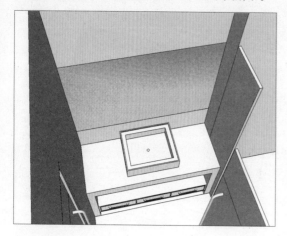

步骤 20 激活推拉工具，将面推出20mm，并创建成组，作为镜子模型，如下图所示。

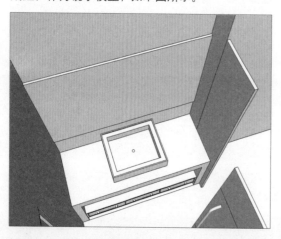

步骤 21 为场景中添加马桶、浴缸、水龙头模型，并调整到合适的位置，如下图所示。

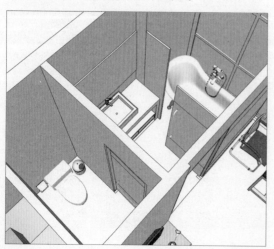

步骤 22 取消隐藏地面模型，将卫生间中的所有模型向上移动150mm，完成整个场景模型的制作，如下图所示。

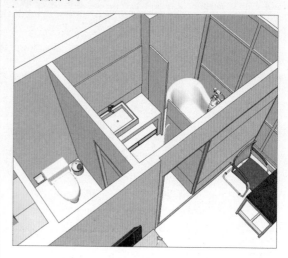

7.3　制作场景效果

整体模型已经制作完毕，现在需要为场景模型添加材质与贴图，并且增加阴影效果，使整个场景更加真实生动。

7.3.1　添加材质

下面将介绍材质与贴图的添加过程，为模型添加材质后，将使该场景营造出一种温馨大方的氛围，操作步骤如下：

步骤 01 首先来制作地面材质，双击地面模型进入编辑模式，激活材质工具，打开材质编辑器，从中选择浅色地板木质纹材质，调整纹理尺寸，将材质指定给卧室地面部分，如下图所示。

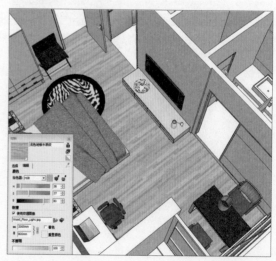

步骤 02 创建瓷砖材质。添加纹理贴图并调整纹理尺寸，双击墙体进入编辑模式，激活直线工具，捕捉绘制两条直线，将卫生间墙面和起居室墙面分隔开，如下图所示。

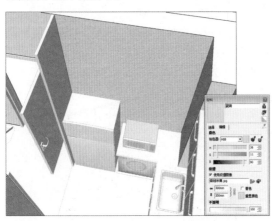

步骤 03 将材质指定给厨房、卫生间区域的墙体及地面。然后选择一种灰色材质，调整颜色，如下图所示。

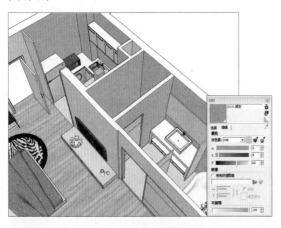

步骤 04 将材质指定给起居室的床头背景墙，其余墙体保持默认的白色。创建玻璃材质，调整颜色及不透明度，如下图所示。

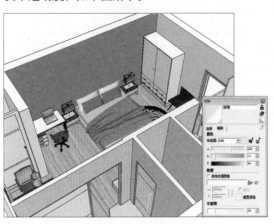

步骤 05 将材质指定给场景中的玻璃造型，如下图所示。

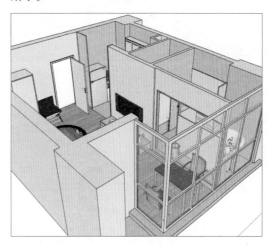

步骤 06 选择金属材质，将材质指定给场景中的金属模型，如下图所示。

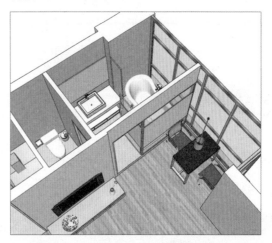

步骤 07 创建镜子材质，为其添加纹理贴图，并设置纹理尺寸。将材质指定给卫生间的镜子，如下图所示。

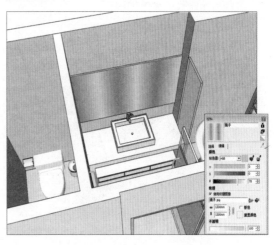

步骤 08 单击"样本颜料"按钮 ![按钮]，吸取双人床材质，将材质指定给衣柜及换鞋凳模型，如下图所示。

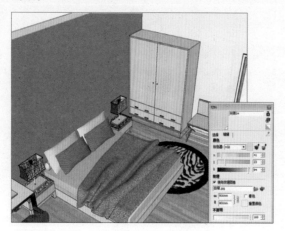

步骤 09 单击"样本颜料"按钮 ![按钮]，吸取餐桌材质，将材质指定给入户门、厨房橱柜、卫生间洗手台的部分模型，如下图所示。

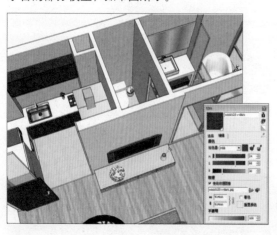

步骤 10 制作黑金沙石材，添加贴图并调整颜色及尺寸，将材质指定给橱柜台面及洗手台台面，完成所有材质的制作，如下图所示。

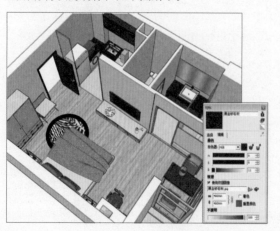

7.3.2 设置阴影效果

整体场景模型制作完毕后，需要再为其添加阴影效果，已达到更加完美的效果，其具体的操作过程介绍如下：

步骤 01 执行"窗口＞阴影"命令，打开"阴影设置"对话框，然后设置阴影选项，开启阴影设置的场景效果如下图所示。

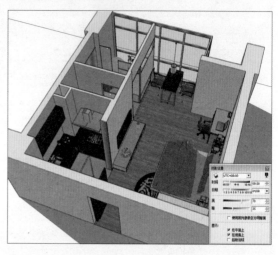

步骤 02 调整时间和日期及亮度暗度的参数后，最终效果如下图所示。

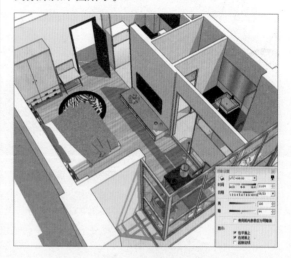

本章概述

本章将制作一个风格独特的荷兰乡间小别墅模型，由于造型较为复杂，我们将采用平面图与立面图相结合的方式进行绘制，以实现更加精准地制作模型。通过对本章的学习，读者可以更进一步了解AutoCAD与SketchUp间的交互使用，可以很好地掌握SketchUp建模的技巧。

核心知识点

❶ 建模前的准备工作
❷ 建筑整体模型的创建
❸ 门窗模型的制作
❹ 栏杆模型的制作
❺ 场景模型的完善

8.1 建模前准备工作

在SketchUp中建模时，与在AutoCAD中绘图一样，都需要一个良好的操作习惯，从而提高作图效率，实现快速、准确地设计目的。施工图通常附带了大量的图块、标注、文字等信息，在导入到SketchUp中后，会占用大量的资源，因此在正式建模之前应该先对文件进行简化整理。

8.1.1 在AutoCAD中简化图样

成套的CAD图纸中往往会包含平面图、立面图、节点图及大样图等，一般情况下，节点图和大样图不导入SketchUp，只用于数据的读取和结构的参考。在此将介绍如何对CAD图纸进行简化整理。

步骤 01 启动AutoCAD程序，打开需要的CAD文件，如下图所示。

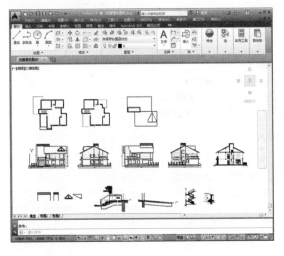

步骤 02 删除图形中的标注、文字、节点图、大样图等，并将所有图形统一到同一图层中，再清理冗余文件，如下图所示。

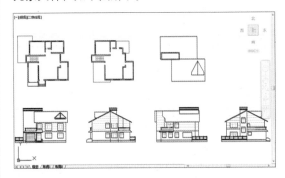

步骤 03 选择并复制南立面图，创建一个空白的CAD文档，粘贴并保存，在这里对立面图进行进一步的简化清理，下图为南立面图。

步骤 04 使用相同的方法整理其他立面图及平面图，并分开保存，如下图所示。

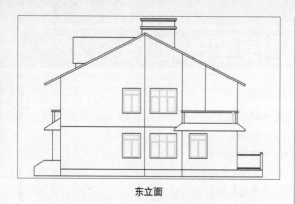

东立面

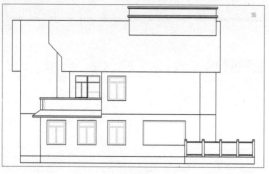

北立面

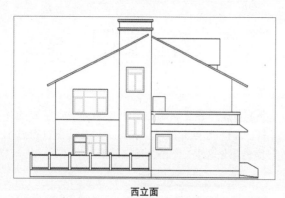

西立面

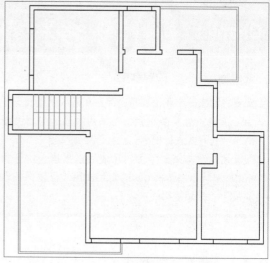

二层平面

提示 整理CAD图纸的重要性

AutoCAD文件中会有很多嵌附的图形文件，凡是用过的图块都会被保存在一个数据库中，如果不进行清理，会随着DWG文件一起导入到SketchUp中，从而影响文件大小。

8.1.2 导入AutoCAD文件

在AutoCAD中将建筑图纸整理好之后，即可将其分别导入到SketchUp中，进行模型的初步创建，操作步骤如下：

步骤 01 打开SketchUp程序，执行"窗口＞模型信息"命令，打开"模型信息"对话框，设置模型单位等参数，如下图所示。

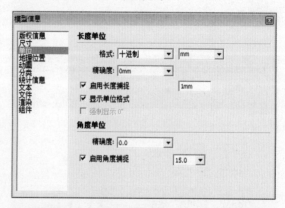

提示 绘图比例的设置

设置比例单位为"毫米"，是为了保证导入SketchUp的CAD文件与CAD中的图纸比例为1:1。CAD中图纸单位为米，那么导入比例也应该是米，这样在创建模型时就可以保证由平面生成立体时，高度可以按照实际尺寸来拉伸。

一层平面

步骤 02 执行"文件＞导入"命令，打开"打开"对话框，设置文件类型为AutoCAD文件，并选择需要的CAD文件，如下图所示。

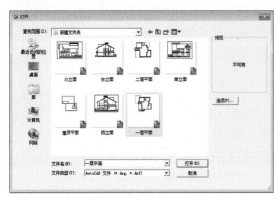

步骤 03 单击"选项"按钮，打开"导入AutoCAD DWG/DXF选项"对话框，勾选相关复选框并设置比例单位等参数，如下图所示。

步骤 04 设置完毕后即可将CAD图纸导入到Sket-chUp中，如下图所示。

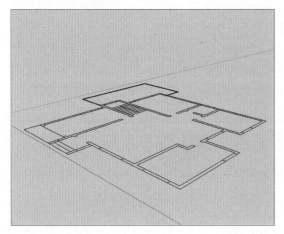

步骤 05 激活线条工具，根据导入的平面图形勾画出一层墙体轮廓，如下图所示。

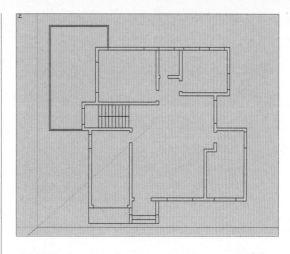

步骤 06 选择墙体轮廓图形，将其创建成组，如下图所示。

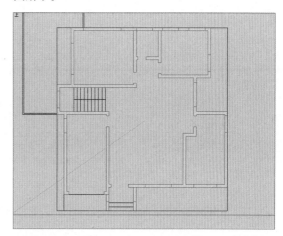

步骤 07 继续导入南立面图，可以看到新导入的图形已经自动成组，如下图所示。

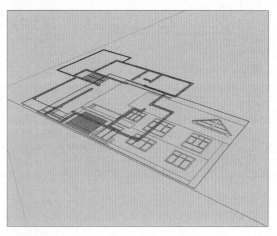

步骤 08 激活旋转工具，将立面图旋转对齐至Z轴，如下图所示。

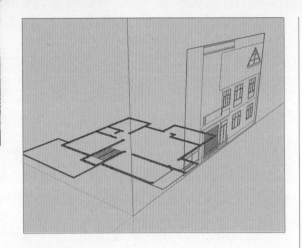

8.2 制作建筑轮廓模型

本次建模的主要思路是通过平面布局图与立面图相结合，创建出建筑的轮廓，从而提高模型创建模型的效率。

8.2.1 制作一层墙体模型

下面进行墙体轮廓的创建，由于导入的施工图较多，制作模型时会有一些影响，用户可根据需要进行施工图的隐藏和显示，操作步骤如下：

步骤 01 制作墙体时，首先隐藏东、北、西各立面及二层平面，如下图所示。

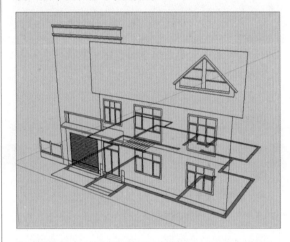

步骤 09 激活移动工具，移动南立面图与一层平面图对齐，如下图所示。

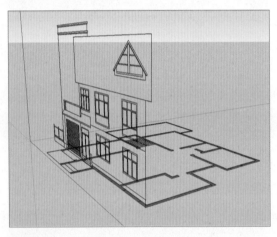

步骤 02 双击墙体框架进入编辑模式，激活推拉工具，推出墙体，捕捉南立面图以确定一层墙体高度，如下图所示。

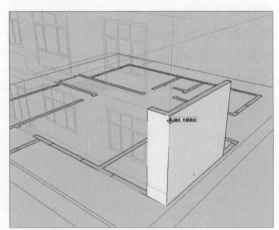

步骤 10 按照以上方法，将其他平面图及立面图也依次导入，并对齐到一层平面图，如下图所示。

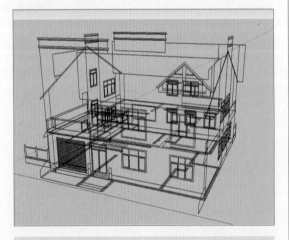

提示 ▶**精准绘图的设置方法**
在"样式"对话框中取消勾选"轮廓"、"延长点"、"端点"复选框。此操作是为了保证导入的文件线条变成细线，以便于更精确地建模。

步骤 03 按照此步骤推出其他区域的墙体，仅留出门洞，如下图所示。

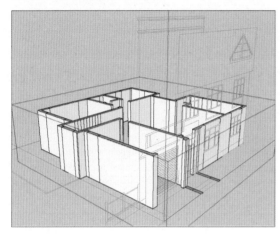

步骤 04 然后制作窗洞，将视角移动到南墙，捕捉立面图绘制处窗户轮廓，如下图所示。

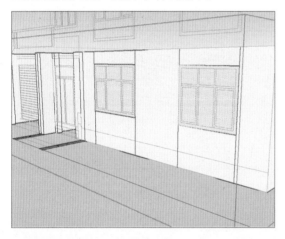

步骤 05 激活推拉工具，将窗户部分向内推出240mm，创建出窗户轮廓，再删除多余线条，效果如下图所示。

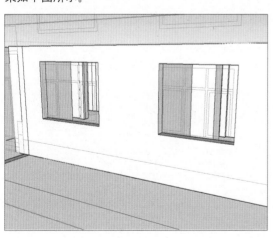

步骤 06 制作门洞时，先选择入户门洞底部线条，激活移动工具，按住Ctrl键不放，向上捕捉门洞顶点进行移动复制，如下图所示。

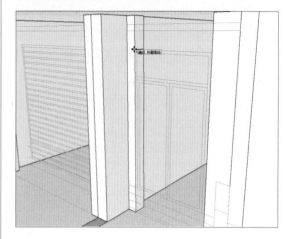

步骤 07 激活推拉工具，封闭门洞上方墙体，如下图所示。

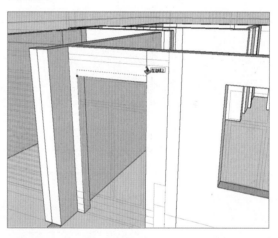

步骤 08 同样制作出车库门洞，如下图所示。

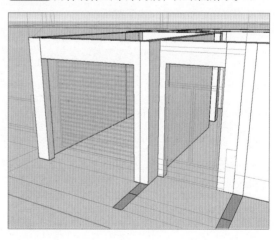

步骤 09 按照上述操作步骤，制作成其他位置的窗洞和门洞，如下图所示。

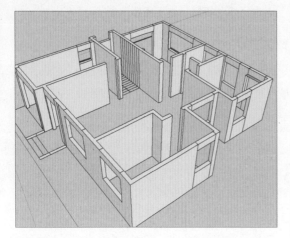

步骤 10 制作台阶、平台时，先将视角转到南墙，激活线条工具，绘制出入户台阶的轮廓并创建成组，如下图所示。

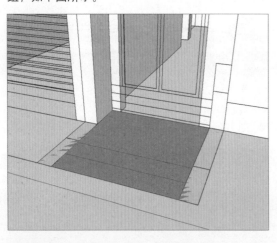

步骤 11 双击进入编辑模式，激活推拉工具，捕捉立面图推出台阶高度，如下图所示。

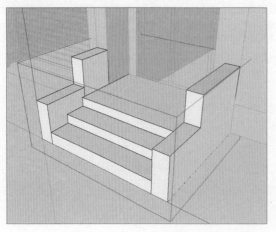

步骤 12 激活线条工具，绘制斜线，形成斜面，如下图所示。

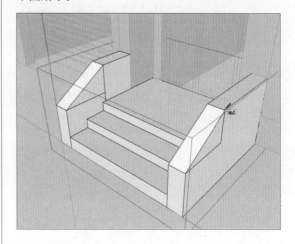

步骤 13 再激活线条工具，绘制车库入口处斜坡轮廓，如下图所示。

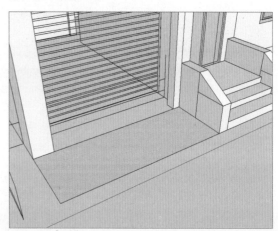

步骤 14 选择平面并成组，双击进入编辑模式，激活推拉工具，捕捉立面图并向上推出，如下图所示。

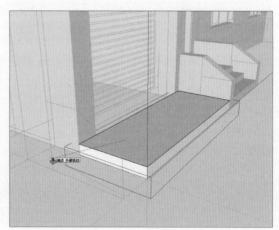

步骤15 激活移动工具，捕捉延长点向下移动线段，形成斜坡，如下图所示。

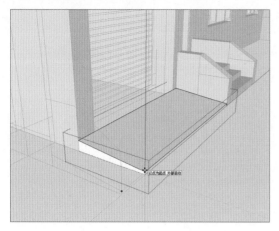

步骤16 再利用线条与推拉工具制作出西墙的平台，如下图所示。

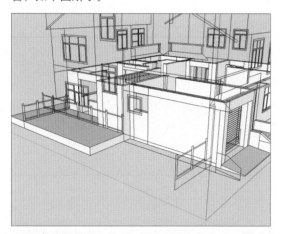

步骤17 清理墙体上多余的线条，如下图所示。

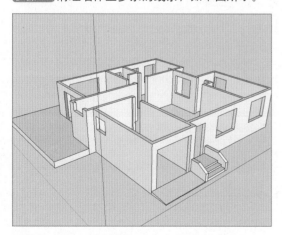

步骤18 制作地面模型时，先激活线条工具，捕捉墙体底部，绘制平面，将车库与室内隔为两个平面，如下图所示。

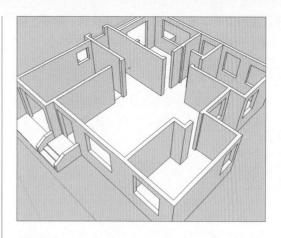

步骤19 将平面成组，双击进入编辑模式，激活推拉工具，将车库与室内地面分别推出，完成一层基本模型的创建，如下图所示。

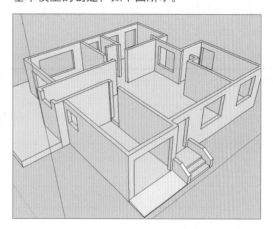

8.2.2 制作二层墙体模型

二层墙体轮廓和一层不同，需要单独制作。一层模型已经创建完毕，下面即可根据二层平面图制作二层模型，操作步骤如下：

步骤01 将一层模型隐藏，仅留下二层平面图及立面图，如下图所示。

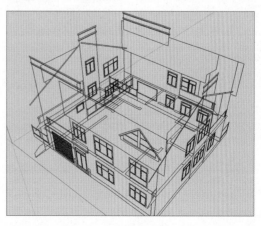

步骤 02 双击二层平面图进入编辑模式，激活线条工具，勾画出二层墙体轮廓，如下图所示。

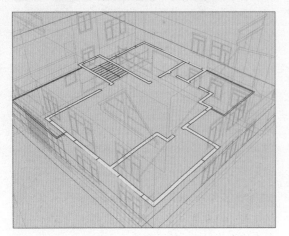

步骤 03 激活推拉工具，捕捉立面图墙体最高点推出墙体，如下图所示。

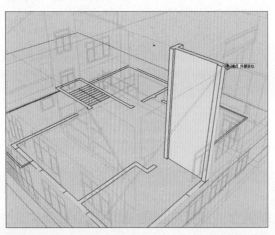

步骤 04 按照同样的方法推出其他墙体，如下图所示。

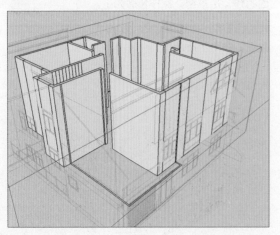

步骤 05 制作窗洞时，先激活线条工具，捕捉立面图绘制窗户轮廓，如下图所示。

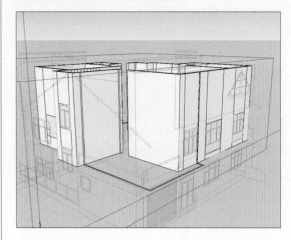

步骤 06 激活推拉工具，推出窗洞，如下图所示。

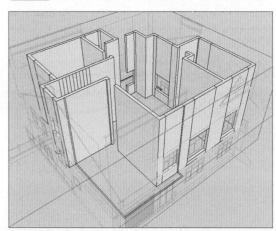

步骤 07 激活线条工具，捕捉立面图绘制门洞轮廓线，如下图所示。

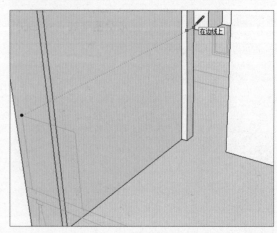

步骤 08 激活推拉工具，推出门洞上方墙体，如下图所示，再制作其他门洞。

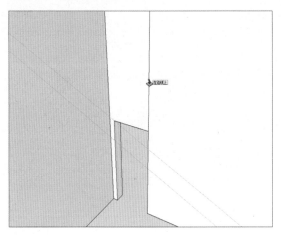

步骤 09 清除多余的线条，如下图所示。

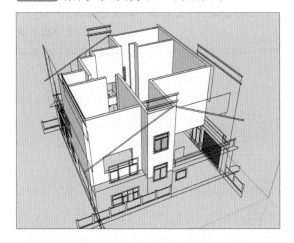

步骤 10 激活线条工具，捕捉立面图，绘制出屋顶斜坡的轮廓，如下图所示。

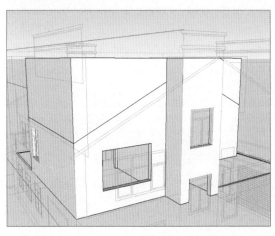

步骤 11 激活推拉工具，沿斜线推出屋顶坡度，如下图所示，可以看到推拉到室内墙体时，就无法继续推拉。

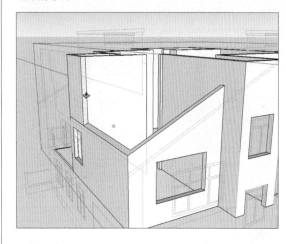

步骤 12 激活线条工具，沿斜线的延长线继续绘制屋顶坡度，如下图所示。

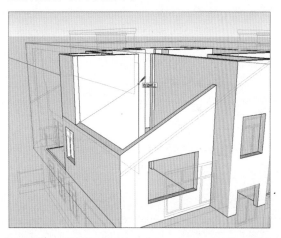

步骤 13 再次激活推拉工具，推拉墙体，按照此操作步骤制作除过道墙体外的屋顶坡度，如下图所示。

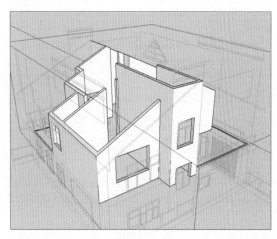

步骤 **14** 制作地面及平台。隐藏立面图，激活线条工具，捕捉绘制除楼梯道外的二层地面平面，如下图所示。

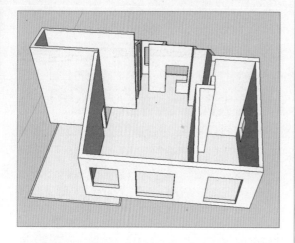

步骤 **15** 将平面成组，双击进入编辑模式，激活推拉工具，将平面向下推出420mm，如下图所示。

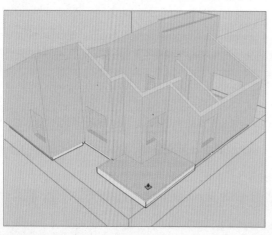

步骤 **16** 选择平台外侧线条，激活偏移工具，向内偏移150mm，如下图所示。

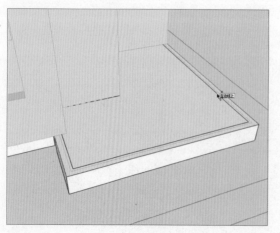

步骤 **17** 激活推拉工具，向上推出地台高度200mm，如下图所示。

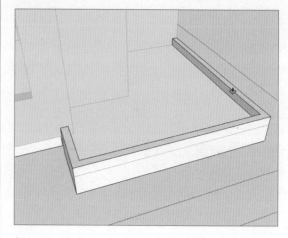

步骤 **18** 再将地台三周向外推出600mm，如下图所示。

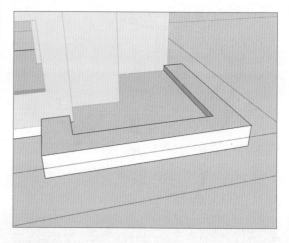

步骤 **19** 选择地台底部三周的边线，激活移动工具，按住Ctrl键不放向上移动复制，移动距离为100mm，如下图所示。

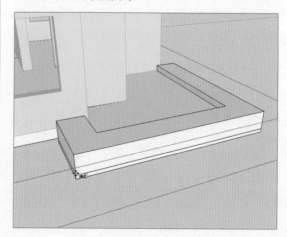

步骤20 选择边线，激活移动工具，沿轴线向内移动600mm，如下图所示。

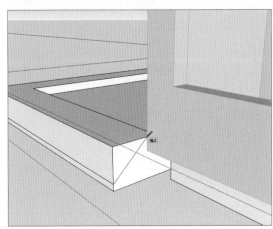

步骤21 同样移动其他两侧边线，完成地台及瓦当造型的制作，如下图所示。

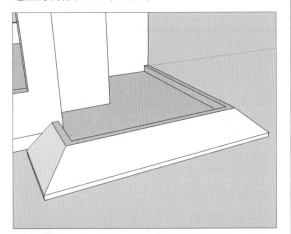

步骤22 同样制作另一处地台，如下图所示。

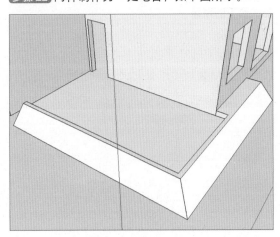

步骤23 选择边线，激活移动工具，按住Ctrl键向左侧移动复制，移动距离为2790mm，如下图所示。

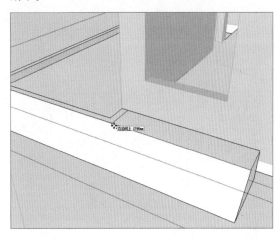

步骤24 激活线条工具，捕捉延长点绘制瓦当斜坡，如下图所示。

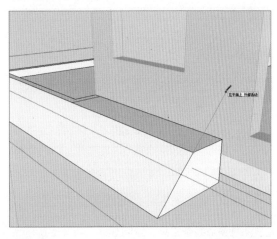

步骤25 完成瓦当的绘制，并删除多余线条，如下图所示。

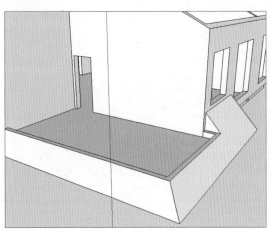

步骤 26 制作楼梯道天井，取消隐藏南立面图与西立面图，如下图所示。

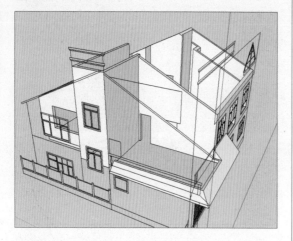

步骤 29 激活推拉工具，推出墙体与另一侧墙体对齐，如下图所示。

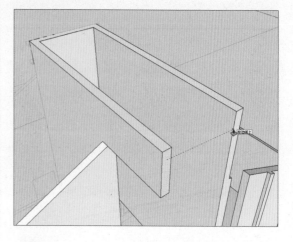

步骤 27 双击二层模型进入编辑模式，激活推拉工具，捕捉立面图推出天井高度，如下图所示。

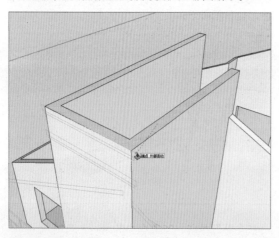

步骤 30 选择一条边线，向右移动复制，移动距离为240mm，如下图所示。

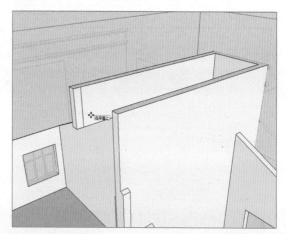

步骤 28 激活线条工具，绘制直线，如下图所示。

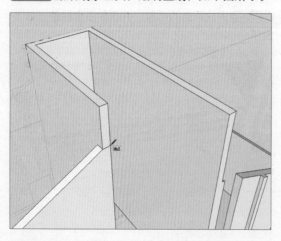

步骤 31 激活推拉工具，推出墙体，并删除多余线条，如下图所示。

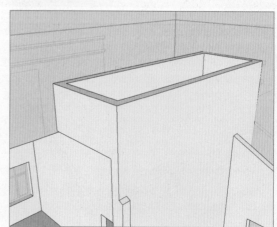

步骤32 选择天井顶部边线，捕捉立面图向下移动复制，如下图所示。

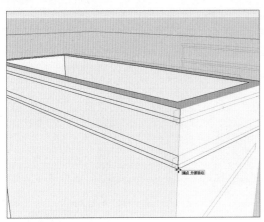

步骤33 激活推拉工具，捕捉立面图向外推出，完成楼梯道天井的制作，再删除多余的线条，如下图所示。

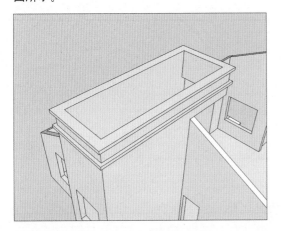

步骤34 取消隐藏一层模型，如下图所示。

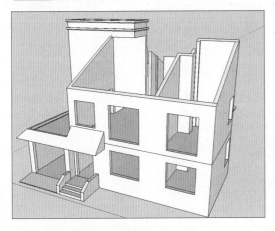

8.2.3 制作屋檐及天窗

别墅已经初具雏形，接下来就需要制作屋

檐及天窗模型，屋檐南、北两面造型及长度都不同，用户在制作时就需要依据立面图中的尺寸，操作步骤如下：

步骤01 取消隐藏立面图，激活线条工具，捕捉东立面图绘制南面的侧立面，如下图所示。

步骤02 选择立面并成组，双击进入编辑模式，激活推拉工具，捕捉立面图将屋檐向右推出，如下图所示。

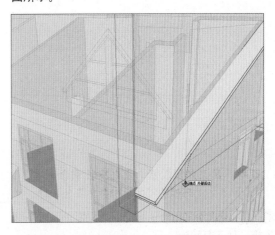

步骤03 再向左进行推出，如下图所示。

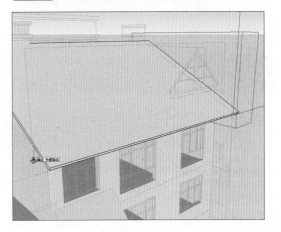

步骤 04 将视角转到另一侧，同样制作该侧屋檐，该侧屋檐造型较为独特，因此需分步制作，如下图所示。

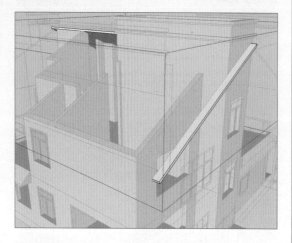

步骤 05 激活线条工具，捕捉角点绘制直线，将平面分隔开，以防止后面推出屋檐时遮盖住天井，如下图所示。

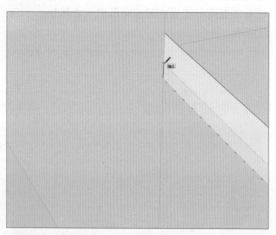

步骤 06 再次激活推拉工具，继续捕捉立面图推出屋檐，如下图所示。

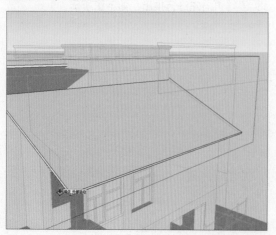

步骤 07 激活卷尺工具，捕捉立面图绘制辅助线，如下图所示。

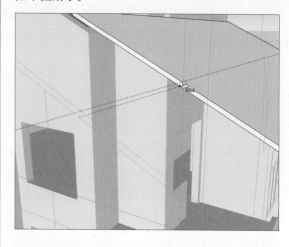

步骤 08 激活线条工具，根据辅助线绘制直线分割平面，如下图所示。

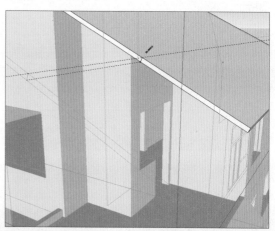

步骤 09 按照此步骤绘制另一条直线分割平面，如下图所示。

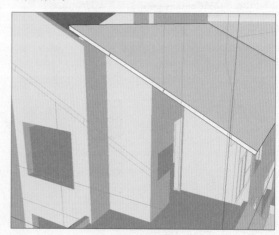

步骤 10 激活推拉按钮，捕捉立面图继续推出屋檐，如下图所示。

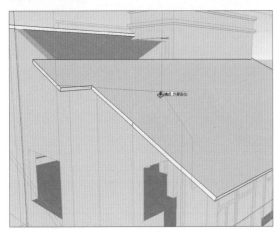

步骤 11 选择边线，激活移动工具，向左侧移动至角点，如下图所示。

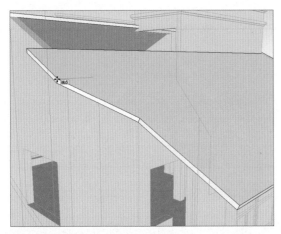

步骤 12 将视角转到屋檐与天井相交处，激活直线工具，捕捉交点绘制平面，如下图所示。

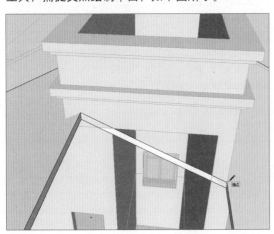

步骤 13 激活推拉工具，将平面向外推出，如下图所示，可以看到天井处墙体有缺口。

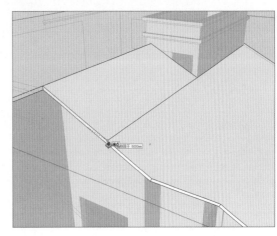

步骤 14 删除多余线条，退出屋檐编辑模式，双击天井进入编辑模式，激活推拉工具，将该侧墙体向下推出，如下图所示。

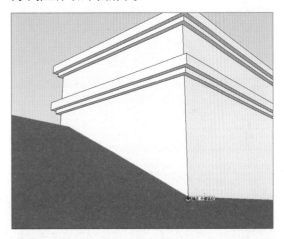

步骤 15 制作天窗。退出天井编辑模式，将视角转到南墙，激活移动工具，移动立面图位置，使立面图中的天窗相交，如下图所示。

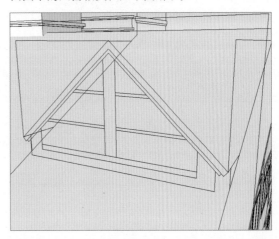

步骤 16 激活线条工具，捕捉立面图绘制天窗屋檐平面，如下图所示。

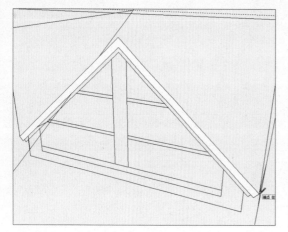

步骤 17 将平面成组，双击进入编辑模式，激活推拉工具，捕捉立面图推出，如下图所示。

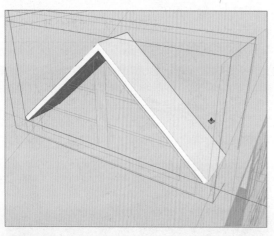

步骤 18 激活卷尺工具，捕捉屋檐绘制辅助线，如下图所示。

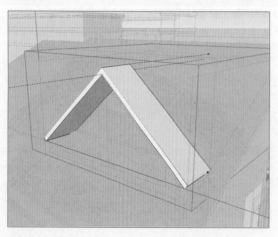

步骤 19 激活线条工具，沿辅助线绘制天窗屋檐，如下图所示。

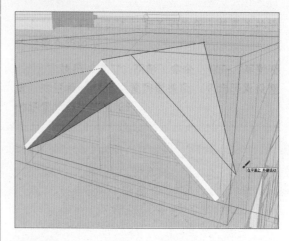

步骤 20 删除多余线条，如下图所示。

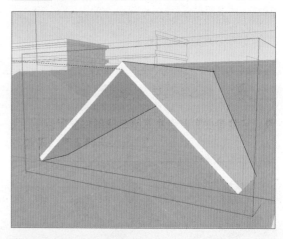

步骤 21 按照上述操作步骤绘制二级屋檐，如下图所示。

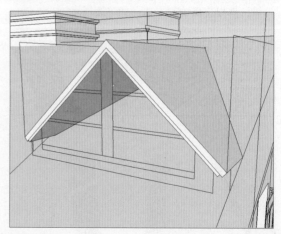

步骤 22 激活选择工具，将二级屋檐向内移动50mm，如下图所示。

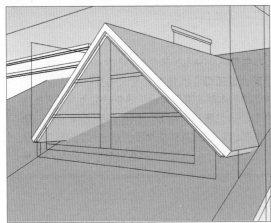

步骤 23 激活线条工具，捕捉立面图绘制窗框并成组，如下图所示。

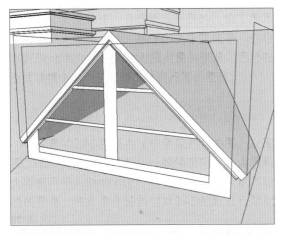

步骤 24 双击进入编辑模式，分别向内推出窗框厚度，如下图所示。

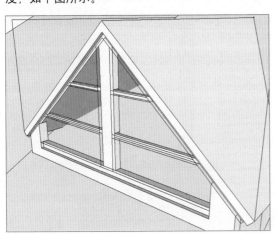

步骤 25 激活移动工具，将窗框向内移动200mm，如下图所示。

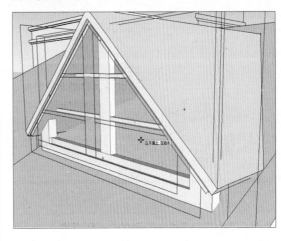

步骤 26 激活线条工具，捕捉窗框绘制玻璃平面并成组，如下图所示。

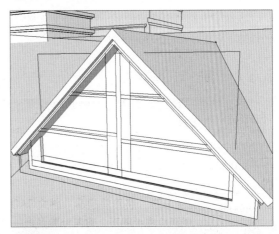

步骤 27 双击进入编辑模式，激活推拉工具，推出玻璃厚度10mm，再退出编辑模式，激活移动工具，将玻璃向内移动20mm，如下图所示。

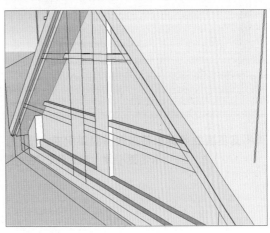

步骤28 移动立面图，使其与外墙重合，如下图所示。

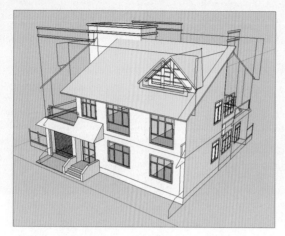

8.3 制作门窗模型

本案例中的门窗模型较多，在造型上大致是一样的，这里需要用户手动绘制。

8.3.1 制作门模型

场景中有三种门，车库门、对开门及单扇门，具体制作步骤如下：

步骤01 制作车库门模型时，先激活线条工具，捕捉立面图绘制车库门平面并成组，如下图所示。

步骤02 双击进入编辑模式，激活推拉工具，推出车库门的凹凸造型，如下图所示。

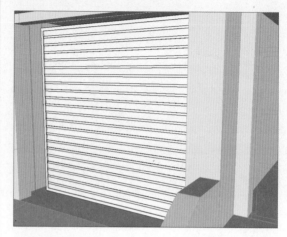

步骤03 激活移动工具，将车库门移动到门洞处，如下图所示。

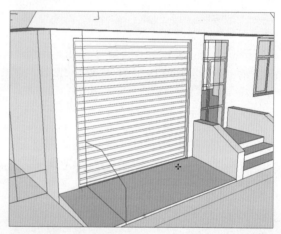

步骤04 将视角移动到入户门处，激活线条工具，捕捉绘制入户门轮廓并成组，如下图所示。

步骤 05 双击进入编辑模式，选择门中线，激活移动工具，将其向左右各移动复制5mm，如下图所示。

步骤 06 删除中线，如下图所示。

步骤 07 激活推拉工具，将门框平面向外推出60mm和40mm，如下图所示。

步骤 08 退出编辑模式，选择对开门，激活移动工具，将其移动到门洞外10mm，如下图所示。

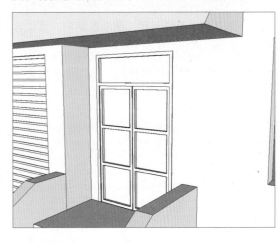

步骤 09 将视角移动到西墙，按照上述操作步骤，捕捉立面图制作单开门的模型，如下图所示。

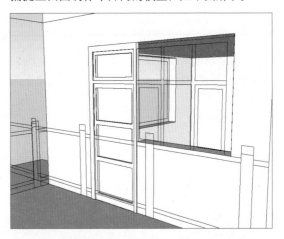

步骤 10 再制作二楼的其他门模型，如下图所示。

8.3.2 制作窗户模型

窗户模型的制作方法与门的制作方法大体上相同。本案例中有许多尺寸相同的窗户，可以直接进行复制，操作步骤如下：

步骤 01 将视角移动到南墙窗户处，激活线条工具，捕捉立面图绘制窗户轮廓并成组，如下图所示。

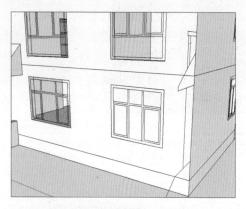

步骤 02 双击进入编辑模式，激活推拉工具，向外推出窗框厚度40mm，窗扇厚度20mm，如下图所示。

步骤 03 退出编辑模式，激活移动工具，移动窗户位置，如下图所示。

步骤 04 按照此操作步骤，绘制南墙其他窗户，如下图所示。

步骤 05 将视角移动到西墙，楼梯道处的窗户造型与前面制作的有所不同，激活移动工具，移动立面图与外墙对齐，如下图所示。

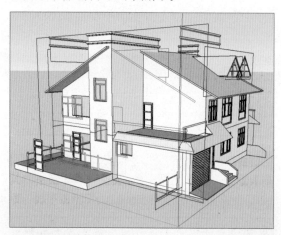

步骤 06 激活线条工具，捕捉立面图绘制窗户轮廓并成组，如下图所示。

步骤07 双击进入编辑模式，激活推拉工具，推出窗框厚度60mm，如下图所示。

步骤08 推出上方内窗框厚度40mm，如下图所示。

步骤09 推出左侧窗扇厚度20mm，如下图所示。

步骤10 将右侧窗玻璃向内推进40mm，窗扇向内推进20mm，如下图所示。

步骤11 激活移动工具，将制作好的窗户模型移动到窗洞内，如下图所示。

步骤12 按住Ctrl键，向上移动复制窗户，如下图所示。

步骤13 按照上面的操作步骤制作其他位置的窗户，如下图所示。

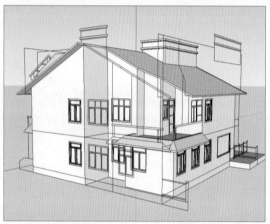

8.4 制作栏杆模型

本场景中要创建两种造型的木质栏杆，具体制作步骤如下：

步骤01 移动立面图对齐到栏杆位置，如下图所示。

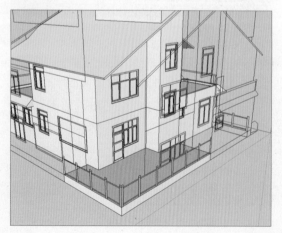

步骤02 激活线条工具，捕捉立面图绘制栏杆轮廓并成组，如下图所示。

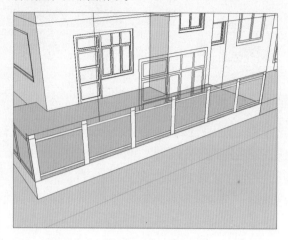

步骤03 双击进入编辑模式，激活推拉工具，推出栏杆支柱厚度150mm，如下图所示。

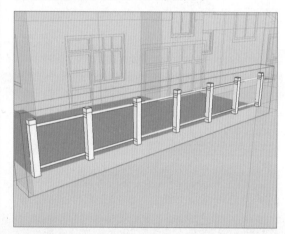

步骤04 再推出横栏杆厚度80mm，如下图所示。

步骤 05 激活移动工具，移动栏杆到平台上，如下图所示。

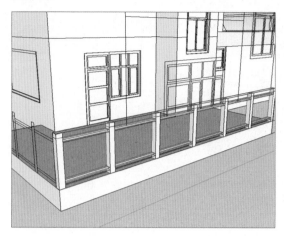

步骤 06 按照此步骤绘制完成一层栏杆模型，如下图所示。

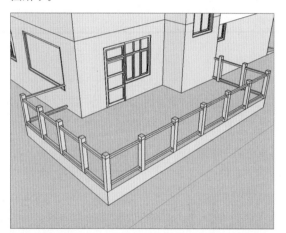

步骤 07 将视角移动到二楼阳台处，移动立面图对齐到阳台，如下图所示。

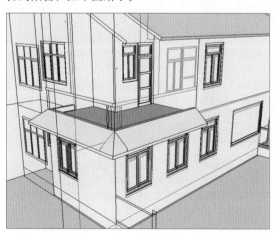

步骤 08 激活线条工具，捕捉立面图绘制栏杆轮廓并成组，如下图所示。

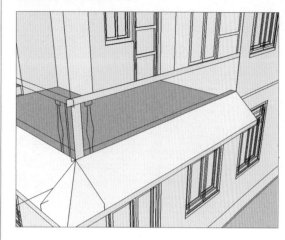

步骤 09 双击进入编辑模式，激活推拉工具，将栏杆向内推出150mm，如下图所示。

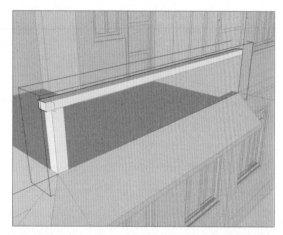

步骤 10 制作造型立柱时，先激活矩形工具，绘制150mm×150mm的矩形并成组，如下图所示。

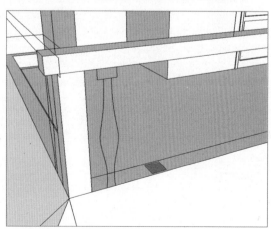

步骤11 隐藏建筑模型，双击矩形进入编辑模式，激活推拉工具，向上推出780mm，如下图所示。

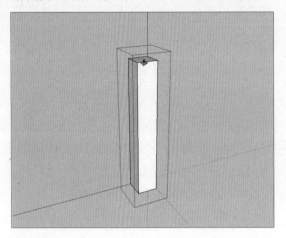

步骤12 利用直线与圆弧工具，在侧面绘制造型立柱轮廓，如下图所示。

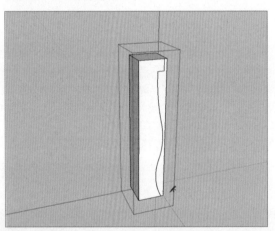

步骤13 激活跟随路径工具，跟随顶面边线捕捉一周，完成造型立柱的制作，如下图所示。

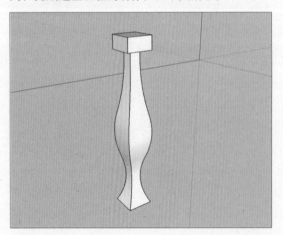

步骤14 取消隐藏建筑模型，调整立柱位置并进行移动复制，如下图所示。

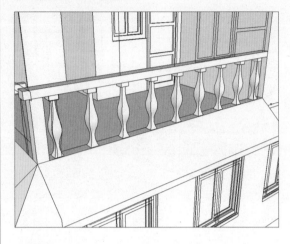

步骤15 按照上述操作步骤，完成本阳台的栏杆制作，如下图所示。

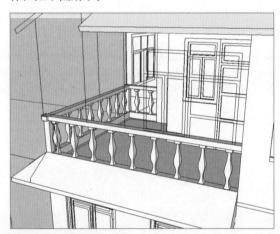

步骤16 再制作二层另一处阳台的栏杆，至此完成别墅模型的创建，如下图所示。

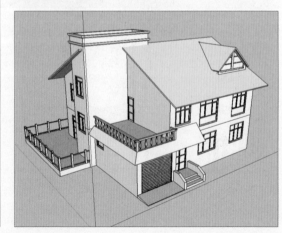

8.5 完善场景模型

别墅模型创建完毕后，接下来就需要布置室外装饰，如添加室外地面、室外装饰、天空背景灯等，以完善场景。

8.5.1 布置室外场景

下面介绍如何添加室外场景，操作步骤如下：

步骤 01 切换到顶视图，隐藏所有立面图，激活矩形工具，绘制60000mm×60000mm的矩形平面并成组，如下图所示。

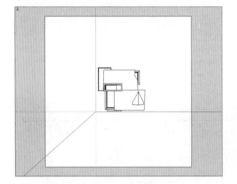

步骤 02 复制植物模型到场景中，如下图所示。

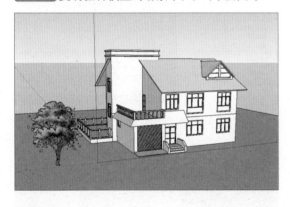

步骤 03 再导入其他植物模型，进行复制并调整位置，如下图所示。

8.5.2 添加贴图

此时场景中的模型还是单色，下面就要为模型添加贴图，使场景更加真实，操作步骤如下：

步骤 01 激活颜料桶工具，打开"使用层颜色材料"对话框，选择"植被"中的"人工草皮植被"材质，如下图所示。

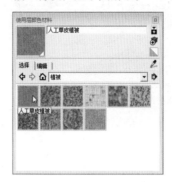

步骤 02 将材质赋予到室外地面，如下图所示。

步骤 03 进入"编辑"面板，重新设置贴图尺寸，可以看到场景中室外地面的贴图发生改变，如下图所示。

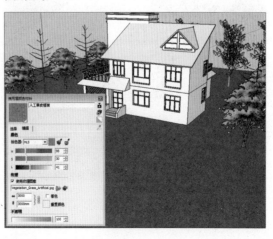

步骤 04 创建屋顶材质，将材质赋予到对象，如下图所示。

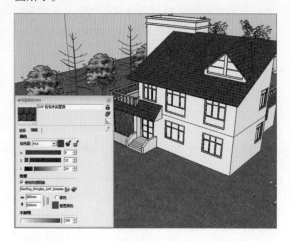

步骤 05 创建"外墙墙板"材质，为二层除楼梯道外的墙体赋予该材质，如下图所示。

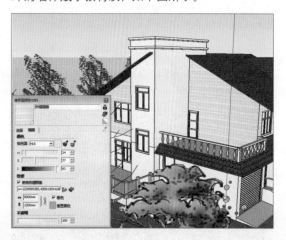

步骤 06 创建"墙砖"材质，为一层处楼梯道外的墙体赋予该材质，如下图所示。

步骤 07 创建"木地板"材质，为一层及二层的室外平台地面赋予该材质，如下图所示。

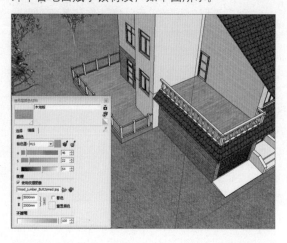

步骤 08 创建"玻璃"材质，为场景中的窗户赋予该材质，如下图所示。

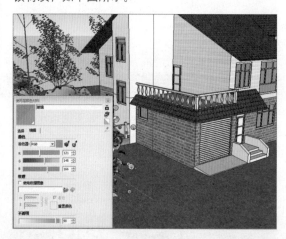

步骤 09 创建"混凝土"材质，为入户及车库门前地面赋予该材质，如下图所示。

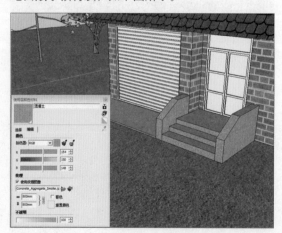

步骤 10 创建"象牙白"材质，为楼梯道墙体及门、窗套、栏杆等赋予该材质，如下图所示。

8.5.3 制作阴影效果

材质赋予完成后，可以看到，场景效果已经较为真实，下面为场景添加天空背景及阴影效果，操作步骤如下：

步骤 01 执行"窗口＞样式"命令，打开"样式"面板，如下图所示。

步骤 02 切换到"编辑"选项卡，打开"背景设置"对话框，设置天空颜色为蓝色，可以看到场景中的天空效果发生了变化，如下图所示。

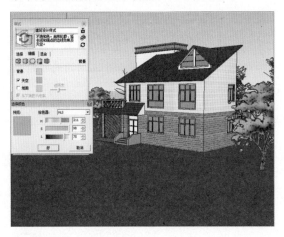

步骤 03 执行"窗口＞阴影"命令，打开"阴影设置"面板，然后单击"显示阴影"按钮，可以看到场景中添加阴影后的效果，如下图所示。

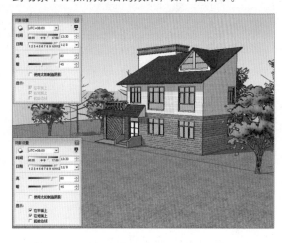

步骤 04 拖动滑块调整时间、日期及明暗度参数，场景中的阴影效果又发生了改变，如下图所示。

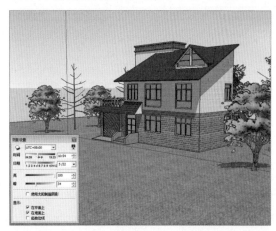

步骤 05 最后对场景中的模型进行适当的调整，完成本案例的制作，最终效果如下图所示。

本章概述

本章将利用前面所学的知识创建夏日度假别墅场景。其中包括创建建筑模型、门窗模型、室外场景地形以及后期场景效果的添加。通过对本场景的制作练习，读者不仅了解室外景观设计的布置手法，还能熟练掌握SketchUp的各种操作技能，从而创建出更优秀的作品。

核心知识点

❶ 建筑模型的制作
❷ 室外建筑小品模型的制作
❸ 材质与贴图的添加
❹ 场景效果的添加

9.1 制作别墅建筑主体

本小节要制作别墅的建筑主体，需要利用导入的CAD平面图来确定模型的大致尺寸，并以此进一步制作模型。其制作过程涉及前面所学的许多知识要点。

9.1.1 导入CAD图纸

在制作模型之前，首先要将平面布置图导入SketchUp中，可以为后面模型的创建节省很多时间，具体操作步骤如下：

步骤 01 在AutoCAD应用程序中简化图形文件，如下图所示。

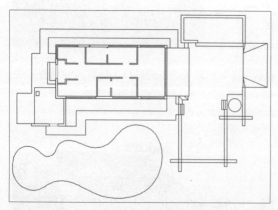

步骤 02 启动SketchUp应用程序，执行"文件>导入"命令，在"打开"对话框中选择AutoCAD文件类型，如下图所示。

步骤 03 将平面图导入到SketchUp中，效果如下图所示。

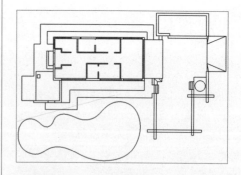

步骤 04 执行"窗口>样式"命令，打开"样式"设置面板，在"编辑"选项卡中取消勾选"轮廓线"复选框，如下图所示。

步骤05 经过上述设置后，仅剩边线的图形效果如下图所示。

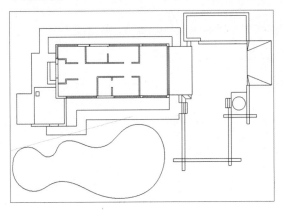

步骤06 激活擦除工具，删除窗户位置的辅助线，如下图所示。

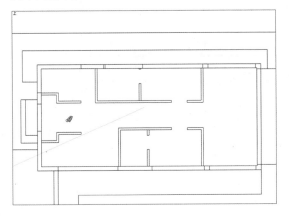

9.1.2　创建主体模型

本节将根据导入的平面图形，创建建筑的主体模型，其具体的创建过程介绍如下：

步骤01 激活直线工具，捕捉连接墙体平面，如下图所示。

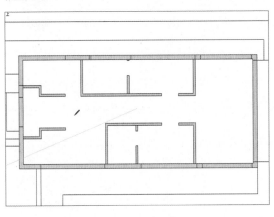

步骤02 选择平面，单击鼠标右键，在弹出的快捷菜单中选择"创建群组"命令，如下图所示。

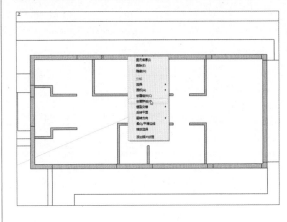

步骤03 将图形平面创建成组，双击进入编辑模式，如下图所示。

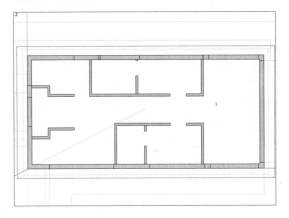

步骤04 按Ctrl+A快捷键全选图形，单击鼠标右键，在弹出的快捷菜单中选择"反转平面"命令，如下图所示。

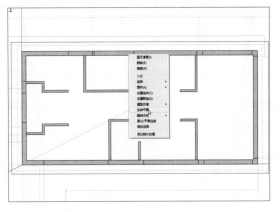

步骤05 激活推拉工具，将部分墙体向上推出5960mm，如下图所示。

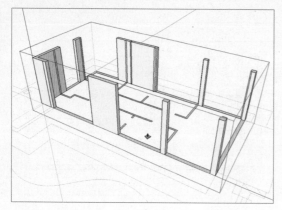

步骤06 再推拉窗户位置的墙体，分别向上推出520mm、900mm、1460mm，如下图所示。

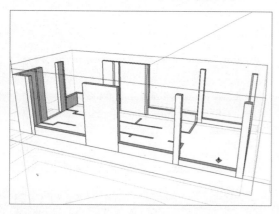

步骤07 选择窗户下方的边线，激活移动工具，按住Ctrl键，向上移动复制，设置移动距离为1230mm，如下图所示。

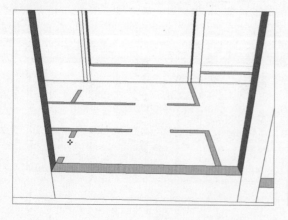

步骤08 激活推拉工具，封闭窗户上方的墙体，如下图所示。

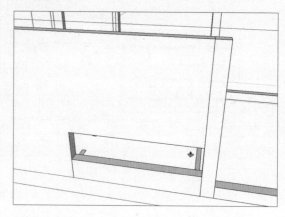

步骤09 利用这种操作方法，制作出建筑墙体中的部分门洞及窗洞，如下图所示。

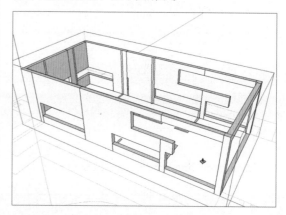

步骤10 激活擦除工具，删除多余的线条，如下图所示。

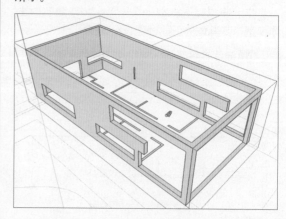

中文版SketchUp Pro 2015艺术设计实训案例教程

步骤 11 激活移动工具，按住Ctrl键，移动复制墙体边线，上方线条向下移动880mm、1340mm，左侧边线向右移动850mm、4020mm，如下图所示。

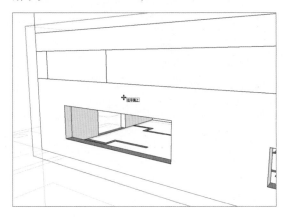

步骤 12 激活推拉工具，推出400mm，创建窗洞，再删除多余的线条，如下图所示。

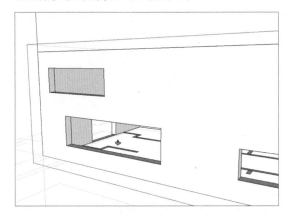

步骤 13 按照此方法制作出二楼其他位置的窗洞，如下图所示。

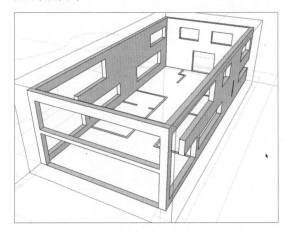

步骤 14 激活推拉工具，推出室内一层墙体，高度为2670mm，如下图所示。

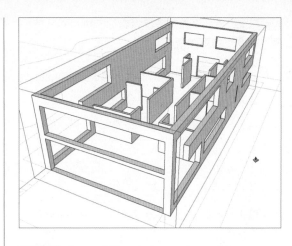

步骤 15 导入二层平面框架图，如下图所示。

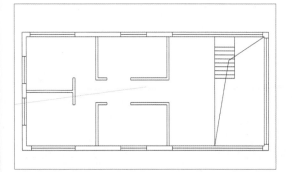

步骤 16 删除墙体、楼梯等图形，如下图所示。

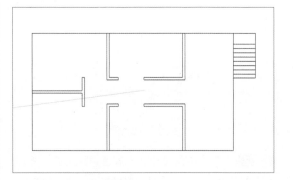

步骤 17 激活直线工具，捕捉绘制平面，如下图所示。

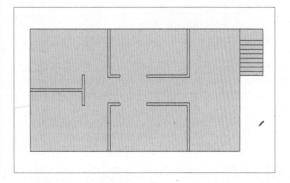

步骤 18 选择平面并单击鼠标右键,执行"反转平面"命令,如下图所示。

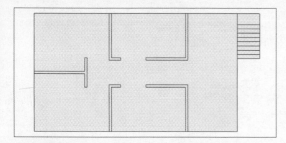

步骤 19 激活推拉工具,将平面向上推出540mm,如下图所示。

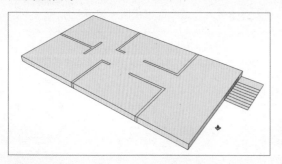

步骤 20 删除多余的线条,并将模型成组,留出楼梯图形,如下图所示。

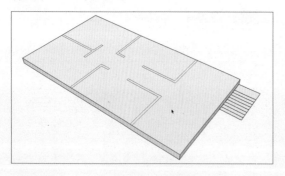

步骤 21 双击进入编辑模式,激活推拉工具,将墙体向上推出2400mm,如下图所示。

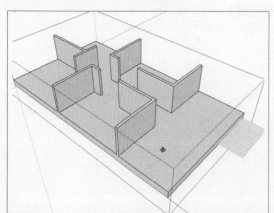

步骤 22 退出编辑模式,选择楼梯图形并将其创建成组,双击进入编辑模式,如下图所示。

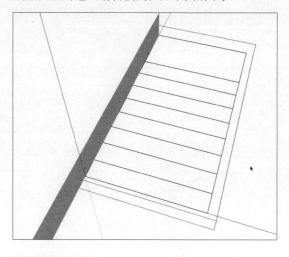

步骤 23 激活推拉工具,推出阶梯踏步高度301mm,如下图所示。

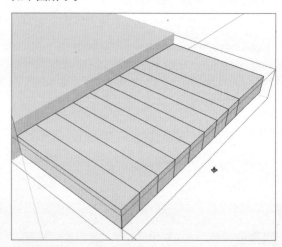

步骤 24 继续依次向上推出,制作出阶梯造型,如下图所示。

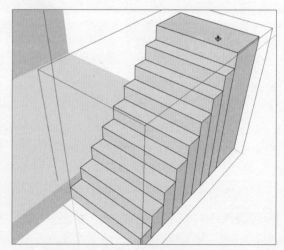

步骤 25 删除多余的线条，如下图所示。

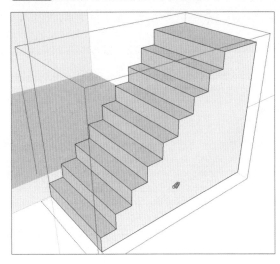

步骤 26 选择如下图所示的线。

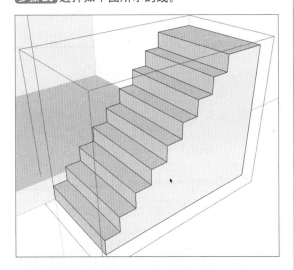

步骤 27 激活偏移工具，偏移200mm，如下图所示。

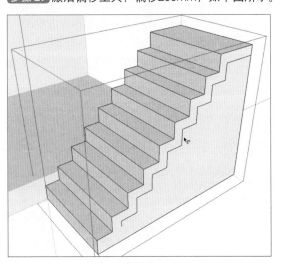

步骤 28 激活直线工具，连接线条，如下图所示。

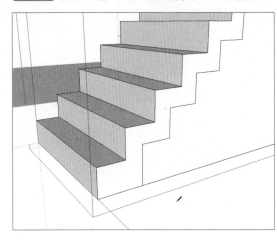

步骤 29 激活推拉工具，将面向一侧推出1900mm，如下图所示。

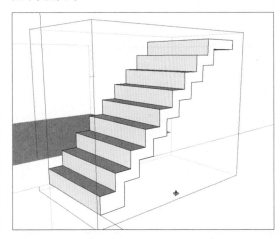

步骤 30 退出编辑模式，激活移动工具，将阶梯模型移动到合适位置，如下图所示。

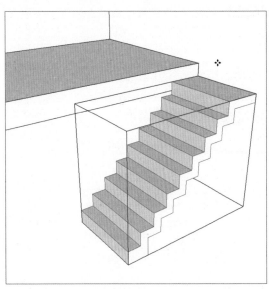

步骤31 将创建好的模型移动到室内，对齐到合适位置，如下图所示。

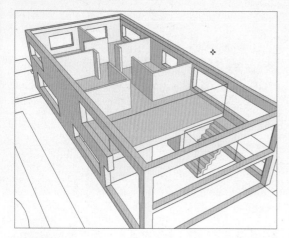

步骤32 激活直线工具，绘制8750mm×1150mm的矩形平面，如下图所示。

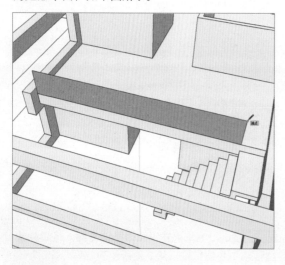

步骤33 继续在阶梯位置绘制垂直的面，高度为1150mm，如下图所示。

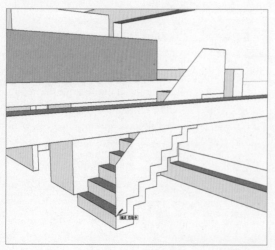

步骤34 双击建筑模型进入编辑模式，激活矩形工具，捕捉建筑顶部绘制一个矩形平面，如下图所示。

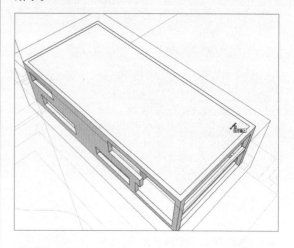

步骤35 激活推拉工具，将矩形面向下推出350mm，制作出二层顶部，如下图所示。

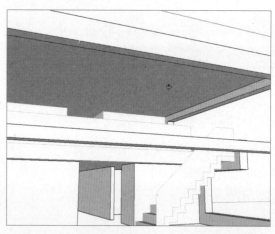

步骤36 删除顶部多余线条，激活移动工具，按住Ctrl键移动复制顶部线条，将两侧线条向内复制，移动距离为1880mm、730mm，如下图所示。

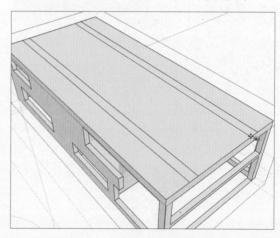

步骤 37 激活推拉工具，将模型推出900mm，如下图所示。

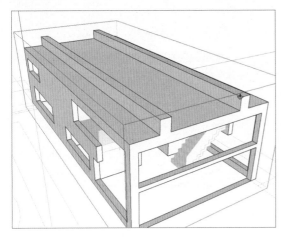

步骤 38 激活弧形工具，绘制长度为15000mm，高度为800mm的弧形，如下图所示。

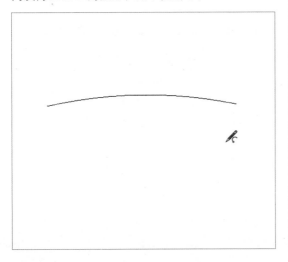

步骤 39 激活移动工具，按住Ctrl键向上移动复制弧形，移动距离为500mm，如下图所示。

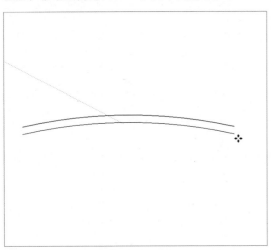

步骤 40 激活直线工具，绘制直线连接两个弧形，绘制出一个平面，如下图所示。

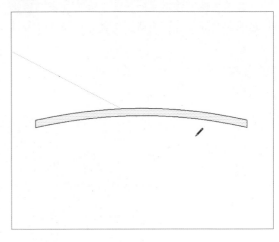

步骤 41 激活推拉工具，将面推出26000mm，如下图所示。

步骤 42 将模型成组，并调整到合适的位置，如下图所示。

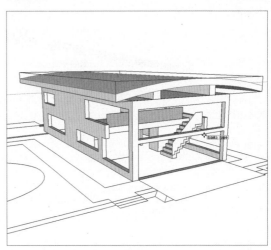

9.1.3　完善别墅模型

建筑主体制作完成后，接下来为其添加建筑门窗及家具模型，下面将对其具体的操作过程进行详细的介绍。

步骤 01 激活直线工具，捕捉绘制平面封闭一侧墙面的窗洞，如下图所示。

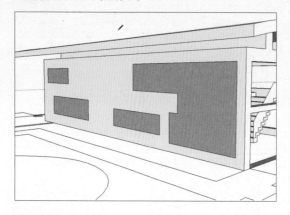

步骤 02 选择平面，单击鼠标右键，选择"反转平面"命令，将其反转，如下图所示。

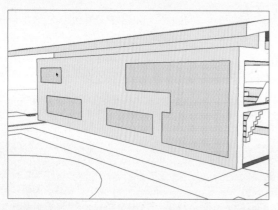

步骤 03 将平面创建成组，再调整合适的位置，如下图所示。

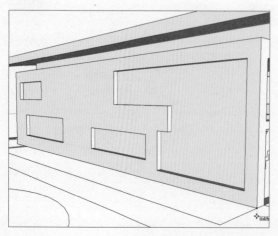

步骤 04 按照此操作方法绘制其他墙面的窗洞，如下图所示。

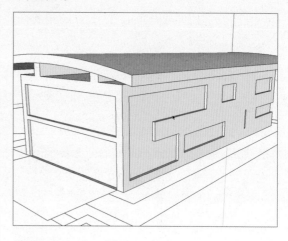

步骤 05 激活推拉工具，将一楼门洞位置的底面向上推出320mm，如下图所示。

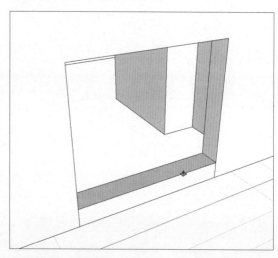

步骤 06 删除多余线条，再激活矩形工具，捕捉门洞绘制矩形，如下图所示。

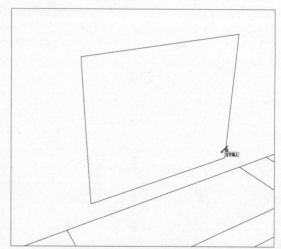

步骤 07 依次激活直线工具和圆工具，捕捉中点绘制直线及圆形，如下图所示。

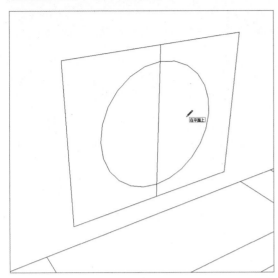

步骤 08 激活移动工具，按住Ctrl键分别向两侧移动复制直线，移动距离为80mm，如下图所示。

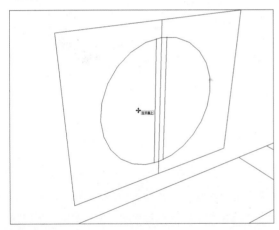

步骤 09 激活擦除工具，清理多余的线条，如下图所示。

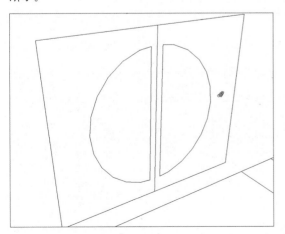

步骤 10 激活推拉工具，将图形推出40mm，如下图所示。

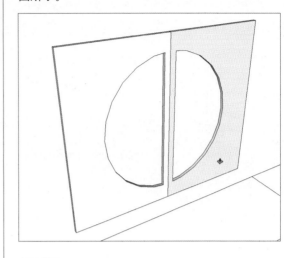

步骤 11 将图形成组，制作出门模型，完成门窗模型的制作，如下图所示。

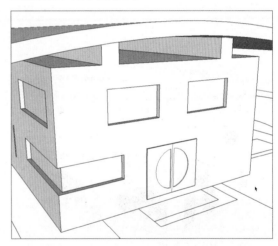

步骤 12 隐藏门窗模型，双击模型进入编辑模式，激活直线工具，绘制地面平面，并删除多余线条，如下图所示。

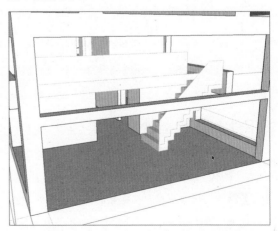

步骤 13 激活推拉工具，将地面向上推出200mm，如下图所示。

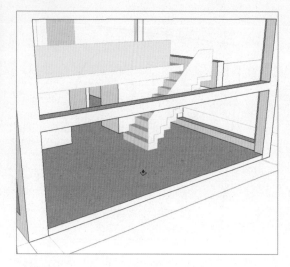

步骤 14 复制家具模型到场景中，并将其摆放到合适的位置，效果如下图所示。

9.2 制作室外场景模型

建筑主体已经创建完毕，下面开始进行室外建筑模型的创建了。本小节中要制作室外建筑以及一些建筑小品模型，还需要添加一些成品的模型来进行装饰。

9.2.1 制作室外墙体模型

首先介绍与建筑相连的室外墙体模型的创建方法，其具体的制作过程如下：

步骤 01 激活直线工具，捕捉平面图绘制室外地面造型，如下图所示。

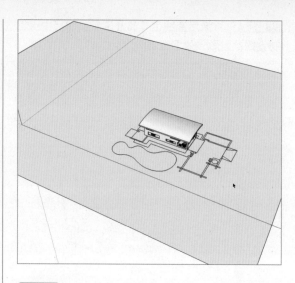

步骤 02 依次激活弧形工具以及圆工具，绘制小湖泊轮廓及圆形，如下图所示。

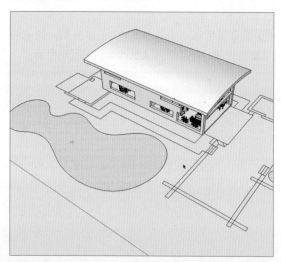

步骤 03 将室外图形创建成组，再双击进入编辑模式，如下图所示。

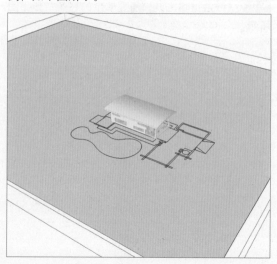

步骤 04 激活推拉工具，将建筑门外的面向上依次推出160mm，制作出阶梯踏步造型，如下图所示。

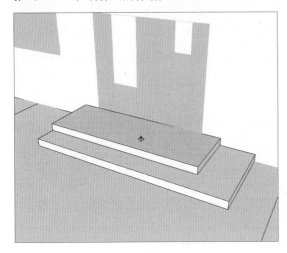

步骤 05 再将另一侧室外的平台向上推出200mm，如下图所示。

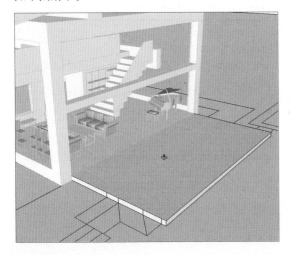

步骤 06 推出室外墙体高度为3430mm，柱子高度为2600mm，如下图所示。

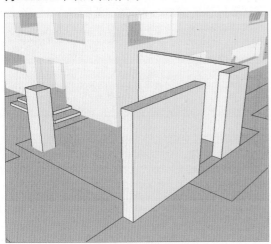

步骤 07 激活移动工具，按住Ctrl键将墙体的一条线向下移动复制，移动距离为1030mm，如下图所示。

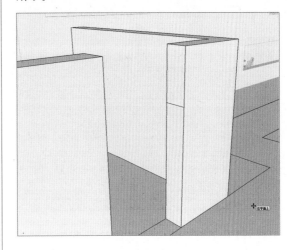

步骤 08 激活推拉工具，封闭门洞，并删除多余的线条，如下图所示。

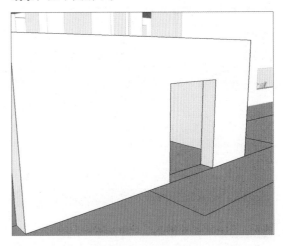

步骤 09 激活直线工具，绘制7200mm×200mm竖向的长方形，如下图所示。

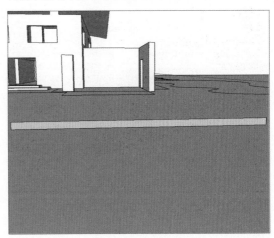

步骤 10 激活移动工具，按住Ctrl键移动复制右侧的线条，移动距离为2200mm，如下图所示。

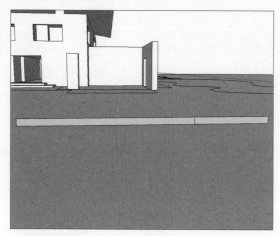

步骤 11 激活弧形工具，捕捉绘制两条高度为250mm的弧线，如下图所示。

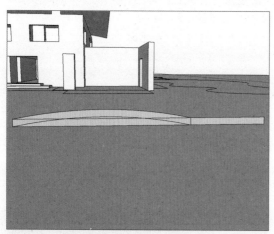

步骤 12 删除多余的线条，如下图所示。

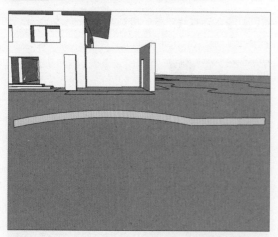

步骤 13 激活推拉工具，将面推出6000mm，如下图所示。

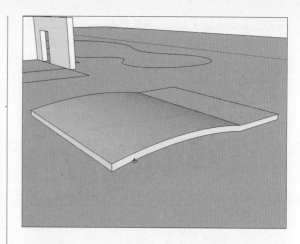

步骤 14 将模型创建成组，移动到合适的位置，如下图所示。

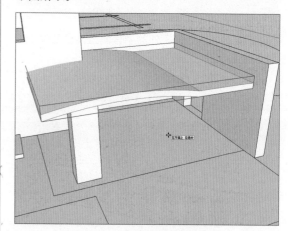

9.2.2   制作室外景观模型

本场景中室外景观包括湖泊、道路、下沉式休闲区、游泳池等，其造型较为复杂，下面将对其制作过程进行详细介绍，具体步骤如下：

步骤 01 首先制作湖泊造型。激活推拉工具，将小湖泊面向下推出400mm，如下图所示。

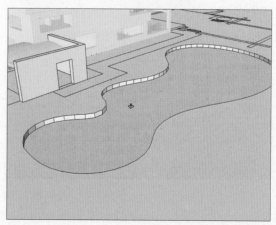

中文版SketchUp Pro 2015艺术设计实训案例教程

步骤 02 选择湖泊底面，激活移动工具，按住Ctrl键向上移动复制，如下图所示。

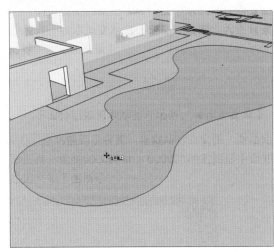

步骤 03 接着制作休闲区，将休闲区域的平面向下推出1370mm，如下图所示。

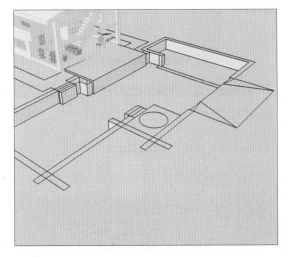

步骤 04 删除多余线条，如下图所示。

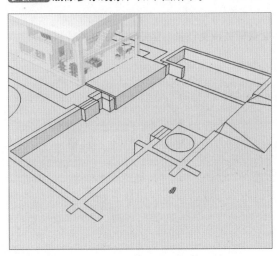

步骤 05 激活推拉工具，向上推出150mm，制作出矮墙造型，如下图所示。

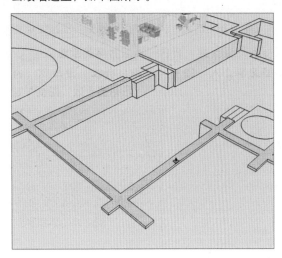

步骤 06 再依次推出阶梯、水池造型，如下图所示。

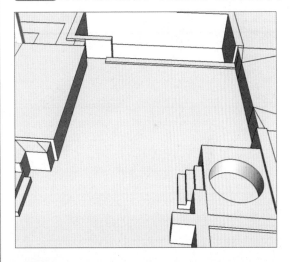

步骤 07 将大水池的底部面向上移动复制，移动距离为1520mm，如下图所示。

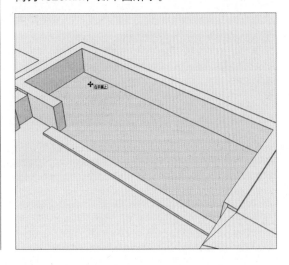

步骤 08 将小水池的底部面向上移动复制，移动距离为800mm，如下图所示。

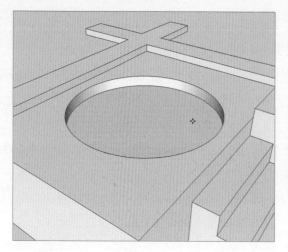

步骤 09 隐藏大水池上层的面，激活移动工具，按住Ctrl键移动复制底部线条，如下图所示。

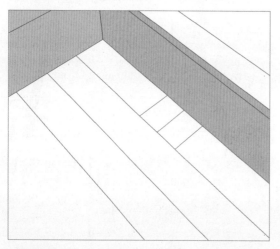

步骤 10 激活直线工具，绘制直线连接图形，如下图所示。

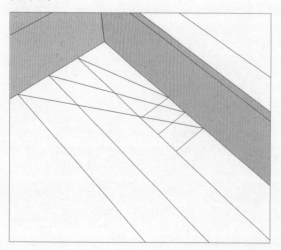

步骤 11 删除多余线条，如下图所示。

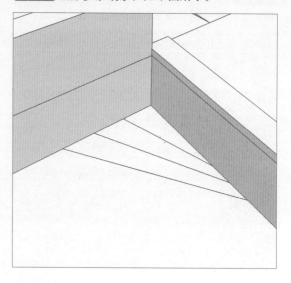

步骤 12 激活推拉工具，推出300mm高的阶梯，如下图所示。

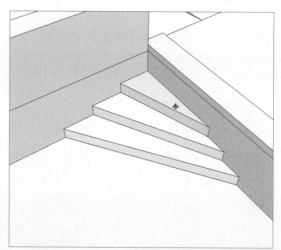

步骤 13 隐藏小水池的面，如下图所示。

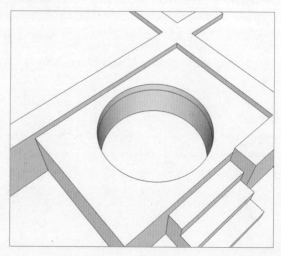

步骤 14 激活偏移工具，将底部的圆向内偏移550mm，如下图所示。

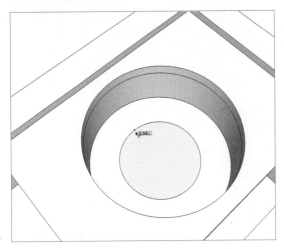

步骤 15 激活推拉工具，将底面向上推出400mm，制作出小水池中的台阶造型，如下图所示。

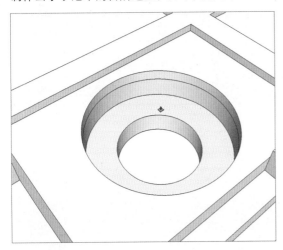

步骤 16 将视线移动到旁边，选择线段，向下移动到与底部平面重合，如下图所示。

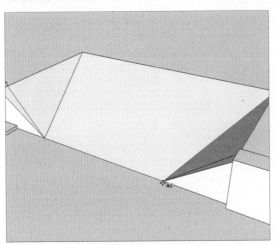

步骤 17 使用直线工具捕捉角点绘制直线，再删除外侧的线条，制作出斜坡造型，如下图所示。

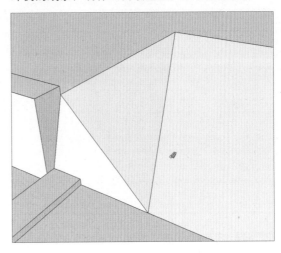

步骤 18 按照此操作方法，制作其他位置的斜坡，如下图所示。

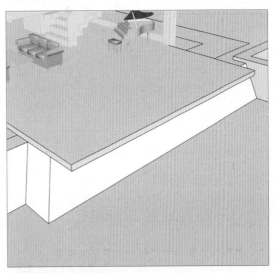

步骤 19 全部取消隐藏，如下图所示。

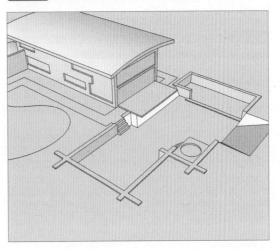

步骤20 激活直线工具，绘制北侧的道路线条，如下图所示。

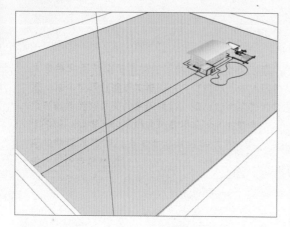

步骤21 激活移动工具，按住Ctrl键将两侧线条向内移动复制，距离设置为1000mm，如下图所示。

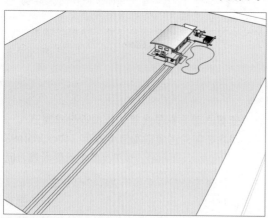

9.2.3 制作建筑小品模型

建筑小品主要是用来装饰和美化室外环境的，具有一定的功能性，可供人们休憩、观赏。本案例创建一个个性化的凉亭，同时添加一些桌椅进行装饰。下面将介绍建筑小品的创建过程。

步骤01 使用矩形工具和推拉工具，制作400mm×400mm×70mm的长方体，如下图所示。

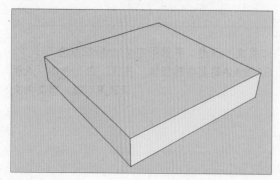

步骤02 激活直线工具，在一个角上分割出边长为30mm的等边直角形，如下图所示。

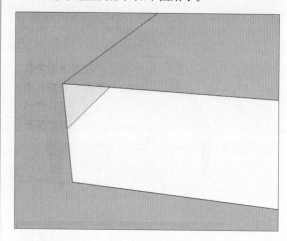

步骤03 激活路径跟随工具，在三角形位置按住鼠标左键不放，环绕一周制作出梯形造型，如下图所示。

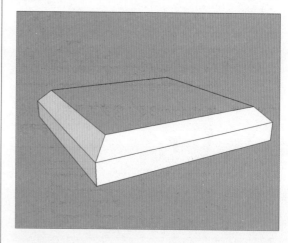

步骤04 将模型创建成组，激活矩形工具，在模型表面绘制一个矩形并创建成组，移动到合适位置，如下图所示。

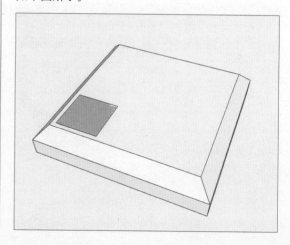

步骤 05 双击矩形进入编辑模式，激活推拉工具，将矩形推出2250mm，如下图所示。

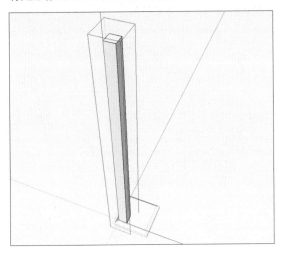

步骤 06 退出编辑模式，对模型进行复制，如下图所示。

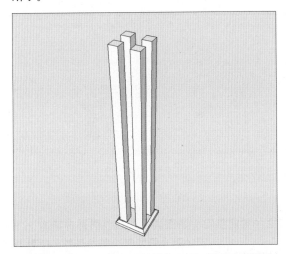

步骤 07 继续复制模型，间距为3150mm×4150mm，如下图所示。

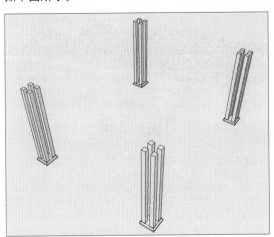

步骤 08 激活直线工具，绘制5500mm×160mm的矩形，如下图所示。

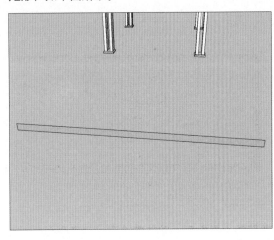

步骤 09 将其创建成组，双击进入编辑模式，激活移动工具，按住Ctrl键，对边线进行移动复制，上下各自移动20mm，左右各自移动250mm，如下图所示。

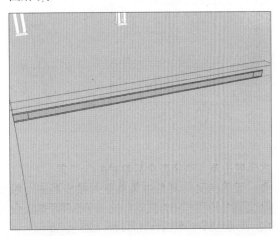

步骤 10 激活直线工具，连接角点，再删除多余直线，如下图所示。

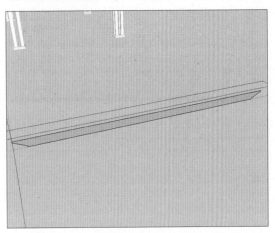

步骤11 激活推拉工具,将面推出120mm,再退出编辑模式,如下图所示。

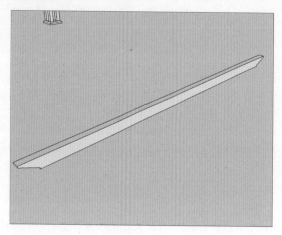

步骤12 移动到合适位置,再复制到另一侧,如下图所示。

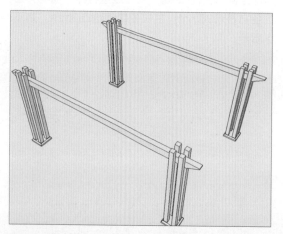

步骤13 按照同样的方法制作长4500mm的模型,进行移动复制并调整到合适位置,如下图所示。

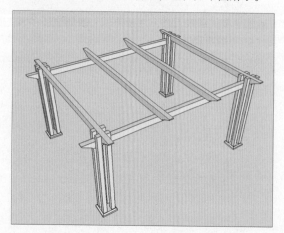

步骤14 再按照同样的操作方法制作长6100mm的模型,进行移动复制并调整到合适位置,完成廊架模型的制作,如下图所示。

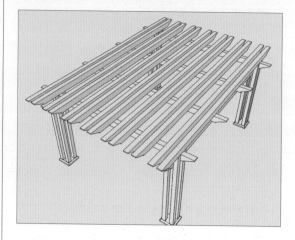

步骤15 将模型移动到合适位置,如下图所示。

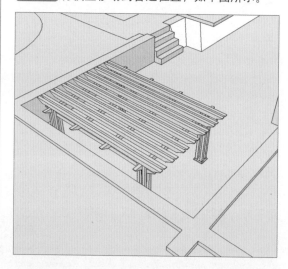

步骤16 添加休闲桌椅模型到场景中的廊架下,再添加紫藤花以及盆栽花卉,如下图所示。

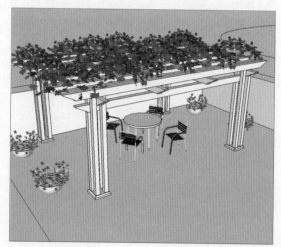

步骤 17 添加桌椅模型和汽车模型到北墙门外及车棚下，如下图所示。

步骤 18 添加休闲长椅到平台上，再添加灌木植物模型到建筑两侧的绿化带上，如下图所示。

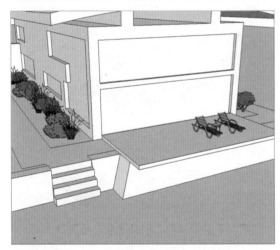

步骤 19 最后在别墅周围添加植物模型，如下图所示。

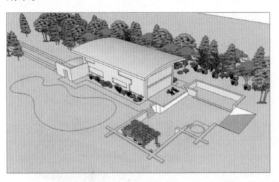

9.3 场景效果

模型制作到这一步，整体的轮廓已经清晰，只差最后为场景添加材质及背景效果。

9.3.1 添加材质

模型已经制作完毕，下面需要为模型添加材质，以完善场景效果，操作步骤如下：

步骤 01 在"材料"面板中，选择半透明材质中的灰色半透明玻璃材质。光标变成油漆桶样式，将材质赋予给建筑中的玻璃模型，如下图所示。

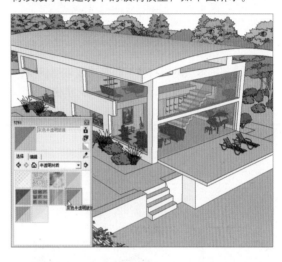

步骤 02 切换到"编辑"选项卡，调整颜色及透明度，再来看看场景效果的变化，如下图所示。

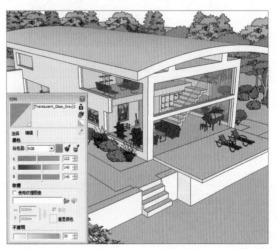

步骤 03 创建外墙石材材质，将材质指定给外墙面，如下图所示。

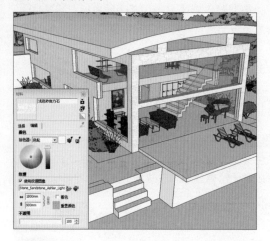

步骤 04 创建木质地板材质，隐藏南墙玻璃模型，将材质指定给一层、二层的地面以及楼梯模型，如下图所示。

步骤 05 创建深色木地板材质，将材质指定给室外平台，再隐藏小水池水面，将材质指定给小水池台面，如下图所示。

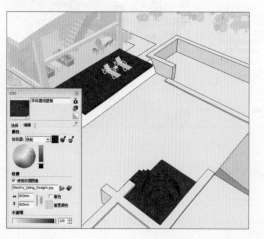

步骤 06 创建灰色屋顶材质，将材质指定给屋顶模型，如下图所示。

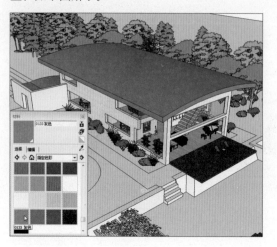

步骤 07 选择人行道铺路石材质，调整材质颜色以及纹理尺寸，将材质指定给室外部分路面，如下图所示。

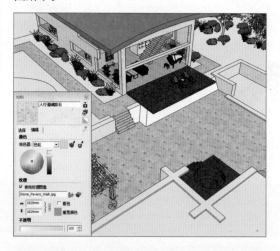

步骤 08 选择皂荚树植被材质，将材质指定给建筑两侧的面，如下图所示。

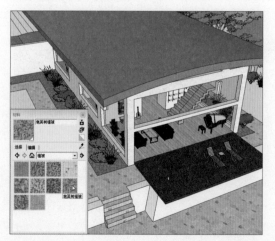

步骤09 创建石板材质，将材质指定给场景中的部分墙体以及地面，再隐藏大水池表面，将材质指定给水池边，如下图所示。

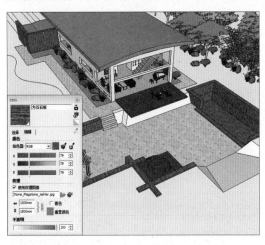

步骤10 创建石材材质，将材质指定给场景中的地面，如下图所示。

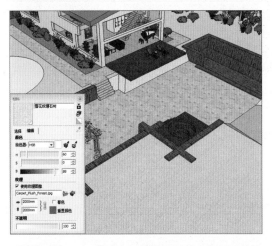

步骤11 选择原色樱桃木质纹材质，将材质指定给廊架模型以及北边的门模型，如下图所示。

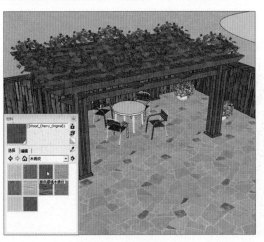

步骤12 创建水纹材质，取消隐藏水面，将材质指定给对象，如下图所示。

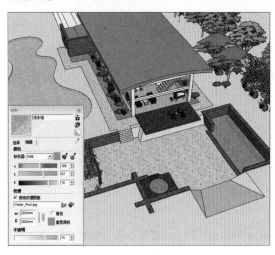

步骤13 在沥青和混凝土材质中选择烟雾效果骨料混凝土和压模方石混凝土两种材质，指定给路面，完成整个场景的材质制作，如下图所示。

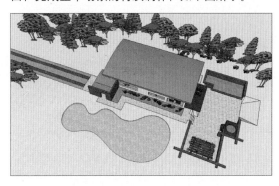

9.3.2 创建背景天空

本小节中将利用水印功能，为场景制作天空背景效果，增加场景的生动性。创建背景天空的具体操作步骤如下：

步骤01 将场景调整到合适的视角，执行"视图＞动画＞添加场景"命令，创建动画场景，并保存该视角，如下图所示。

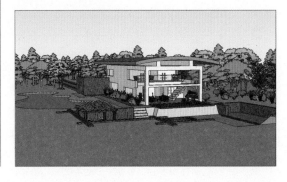

步骤 02 复制植物模型，调整到合适位置，更新场景，如下图所示。

步骤 03 执行"窗口＞样式"命令，打开"样式"面板，切换到水印设置面板，如下图所示。

步骤 04 单击"添加水印"按钮⊕，打开"选择水印"对话框，选择合适的背景图片，如下图所示。

步骤 05 单击"打开"按钮，弹出"创建水印"对话框，选择"背景"单选按钮，如下图所示。

步骤 06 这时可以看到所选择的天空图片显示在场景模型后面，效果如下图所示。

步骤 07 单击"下一步"按钮，调整背景和图像的混合度，如下图所示。

步骤 08 场景效果如下图所示。

步骤 09 单击"下一步"按钮，选择"在屏幕中定位"单选按钮，调整位置及比例，如下图所示。

步骤 10 更新场景，最终效果如下图所示。

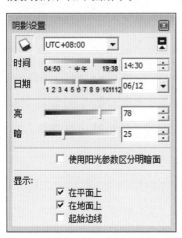

9.3.3　设置阴影效果

整体场景模型制作完毕后，接下来要为场景添加阴影效果，增加场景氛围，其具体的操作步骤如下：

步骤 01 执行"窗口＞阴影"命令，打开"阴影设置"面板，单击"显示阴影"按钮，为场景开启阴影效果，如下图所示。

步骤 02 为场景添加阴影后的效果，如下图所示。

步骤 03 在该面板中调整时间、日期及亮度暗度参数，如下图所示。

步骤 04 查看场景效果，如下图所示。

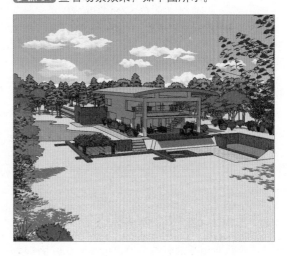

本章概述

住宅区规划设计在城市规划设计中占有十分重要的地位，它结合了建筑设计与景观设计于一体，在规划的同时辅以景观设计，最大限度地体现居住地本身的底蕴。本规划设计中采用的是周边式布局方式，小区四周分散设置了出口，主景观为中心水区，依水达到了良好的景观效果。

核心知识点

① 图纸的导入
② 整体模型的制作
③ 场景布局的完善
④ 场景效果的完善

10.1 整理并导入CAD图纸

在使用SketchUp对小区进行规划设计前，一定要先对AutoCAD文件进行优化加工，使其能够更好地应用于SketchUp。

10.1.1 分析CAD平面图

本案例的规划图面积较大，因此在使用SktchUp进行建模前，需要对规划图纸进行详细的了解，分析CAD图纸。仔细观察图纸，可以看到整体规划图分为了小区住宅区、水景景观区、活动中心、售楼处四个主要部分，如下图所示。

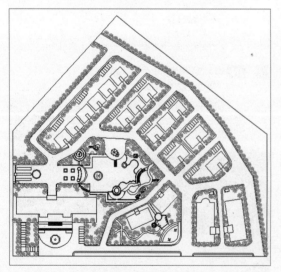

10.1.2 调整CAD图纸

通过对图纸的分析，用户可以对小区的构建有了一定的认识。但是图纸中的图元过于复杂，

会对后面的模型创建带来不必要的麻烦，这里就需要用户将图纸进行简化，仅留下基础图形。操作步骤如下：

步骤 01 打开小区规划图纸，如下图所示。

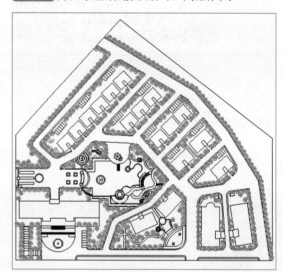

步骤 02 执行"窗户>图层"命令，打开图层特性管理器，依次关闭辅助图层，如下图所示。

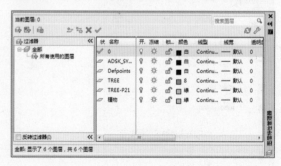

步骤 03 仅留下规划图中的基础平面，如下图所示。

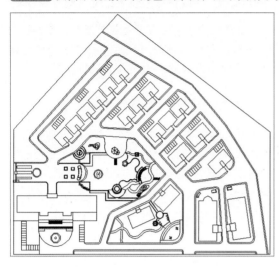

步骤 04 在命令行输入pu命令，打开"清理"对话框，如下图所示。

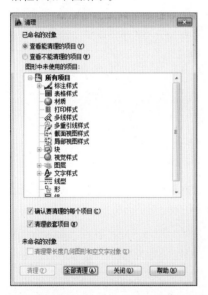

步骤 05 单击"全部清理"按钮，打开"清理-确认清理"对话框，选择"清理所有项目"选项，如下图所示，清理完毕后，关闭"清理"对话框。复制当前图层上的所有文件，再创建新的CAD文档，粘贴并保存即可。

10.1.3 导入CAD图纸

将处理好的CAD文件导入到SktchUp中，即可利用SketchUp软件将平面图形立体化，进行更加直观的规划设计。操作步骤如下：

步骤 01 启动SketchUp，创建名为"小区规划"的SK文件，执行"窗口>模型信息"命令，打开"模型信息"对话框，设置场景单位等参数，如下图所示。

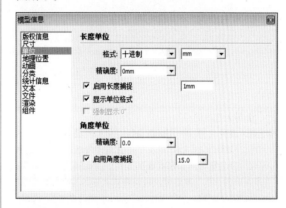

步骤 02 执行"文件>导入"命令，打开"打开"对话框，设置文件类型为AutoCAD文件，选择需要的CAD文件，如下图所示。

步骤 03 单击"选项"按钮，打开"导入AutoCAD DWG/DXF选项"对话框，勾选相关复选框，设置比例单位为"毫米"，如下图所示。

步骤 04 设置完成后，将规划图导入，并移动到坐标原点，如下图所示。

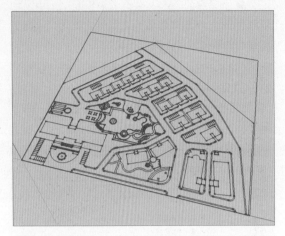

步骤 05 执行"窗口>样式"命令，打开"样式"对话框，在"编辑"选项卡下的"边线"选项区域中，仅勾选"边线"复选框，如下图所示。

步骤 06 调整后的效果如下图所示。

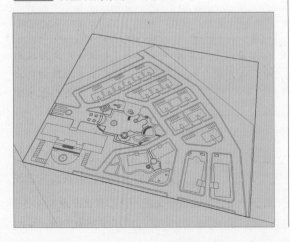

10.2 制作小区住宅楼

在SketchUp中建筑模型需要参照标准的CAD规划图纸，利用导入的平面图纸来建立单体建筑，从而根据规划图中的布局创建建筑群。

10.2.1 制作建筑墙体模型

因本案例是要制作大面积的小区规划模型，因此在制作建筑模型时，可以省略很多细节部分的制作，以优化建模速度。操作步骤如下：

步骤 01 首先制作单层墙体轮廓，激活线条工具，捕捉平面图绘制小区建筑墙体轮廓并成组，如下图所示。

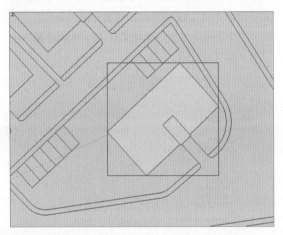

步骤 02 双击进入编辑模式，激活偏移工具，将边线向内偏移240mm，如下图所示。

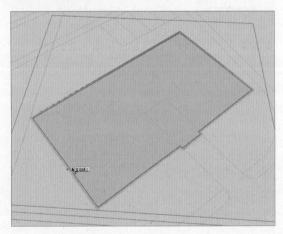

步骤 03 激活推拉工具，将模型向上推出3200mm的墙体高度，如下图所示。

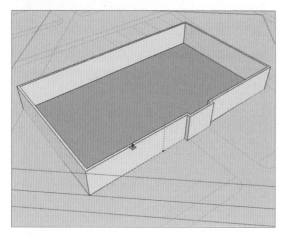

步骤 04 推出编辑模式，选择墙体，激活移动工具，按住Ctrl键向上移动，复制出二楼墙体，如下图所示。

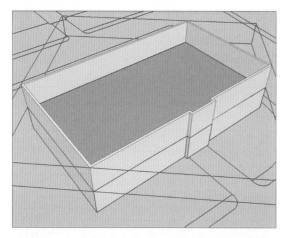

步骤 05 然后制作入口门洞，双击一层墙体进入编辑模式，激活线条工具，为一层入口分割出2400mm×2600mm的门洞轮廓，如下图所示。

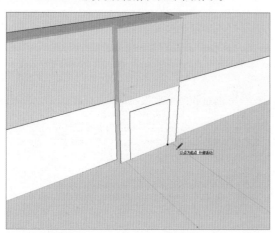

步骤 06 激活推拉工具，将面向内推出240mm，创建出门洞，如下图所示。

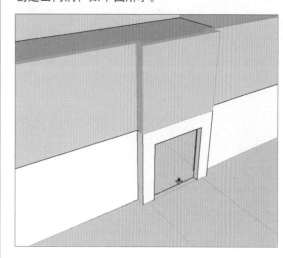

步骤 07 在墙体左侧选择下方线条，激活移动工具，按住Ctrl键向上移动复制，移动距离为1000mm，如下图所示。

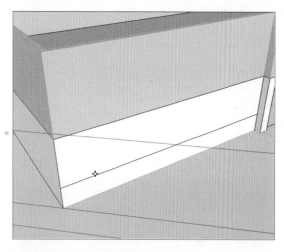

步骤 08 再次向上复制移动1600mm，如下图所示。

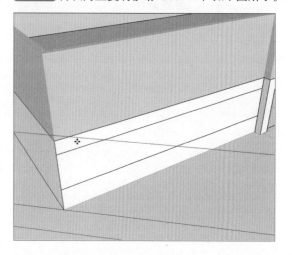

步骤 09 再将左边线分别向右移动复制，如下图所示。

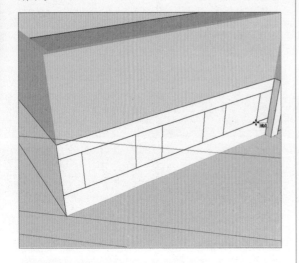

步骤 10 删除多余线条，如下图所示。

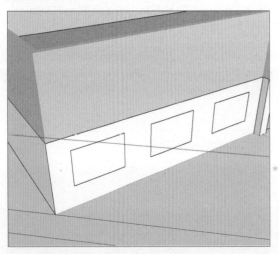

步骤 11 激活推拉工具，推出窗洞，如下图所示。

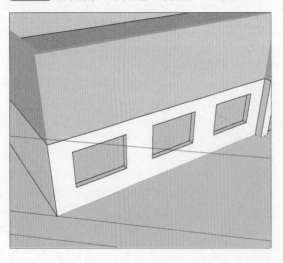

步骤 12 同样制作右侧墙体及背面墙体的窗洞，隐藏二层模型，如下图所示。

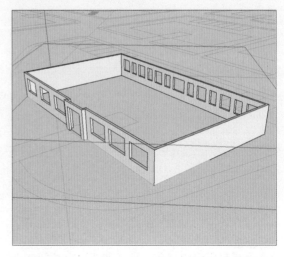

步骤 13 激活线条工具，绘制顶部平面，如下图所示。

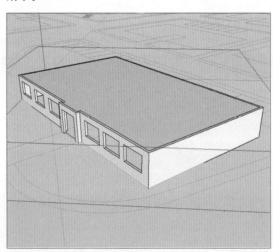

步骤 14 取消隐藏二层模型，按照前面的操作步骤制作二层窗洞，如下图所示。

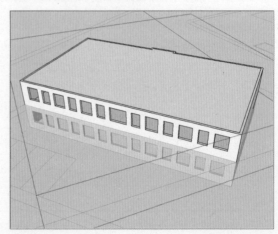

步骤15 选择二层模型，向上移动复制出多层，如下图所示。

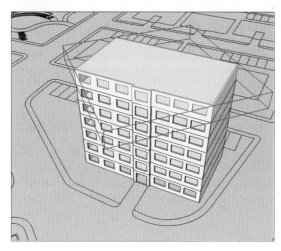

步骤16 激活线条工具，捕捉顶面绘制平面并成组，如下图所示。

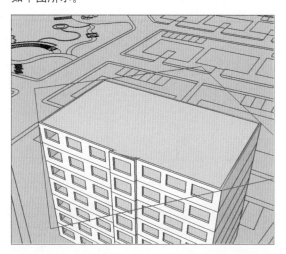

步骤17 激活偏移工具，将轮廓线向内部偏移240mm，如下图所示。

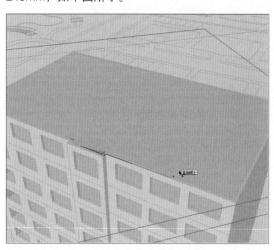

步骤18 激活推拉工具，向上推出1200mm的墙体，如下图所示。

10.2.2 制作窗户模型

下面来创建窗户模型，操作步骤如下：

步骤01 将视角移动到一层窗洞处，激活矩形工具，捕捉窗洞绘制平面并成组，如下图所示。

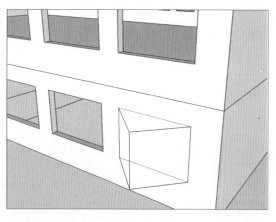

步骤02 双击进入编辑模式，激活偏移工具，将边线向内偏移100mm，如下图所示。

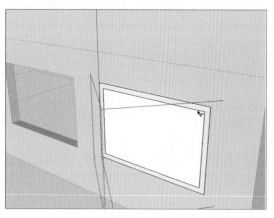

步骤 03 选择边线，激活移动工具，向下进行移动复制，右键单击边线，在弹出的快捷菜单中选择"拆分"命令，如下图所示。

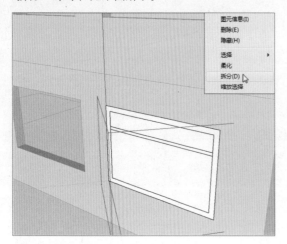

步骤 04 在边线上移动光标，将边线拆分为4份，如下图所示。

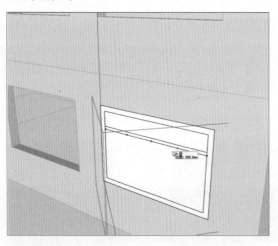

步骤 05 单击鼠标确认，激活线条工具，捕捉分割点绘制直线，如下图所示。

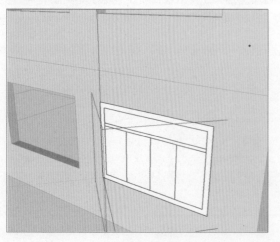

步骤 06 激活偏移工具，偏移出窗扇宽度为60mm，如下图所示。

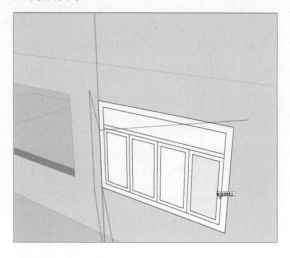

步骤 07 激活推拉工具，分别推出窗户厚度，使其形成一前一后的落差，如下图所示。

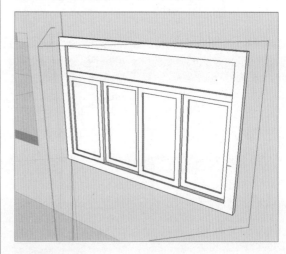

步骤 08 同样的方法制作其他窗洞的窗户，如下图所示。

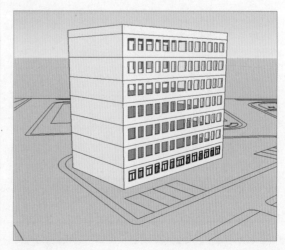

步骤 09 向上复制窗户模型，效果如下图所示。

步骤 10 移动视角至建筑底部，激活线条工具，捕捉墙体绘制平面，如下图所示。

步骤 11 双击进入编辑模式，激活推拉工具，将平面向上推出300mm，如下图所示。

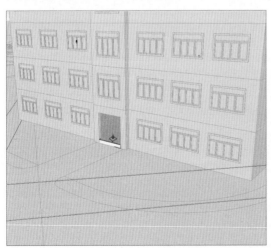

步骤 12 选择整个建筑模型，将其成组，效果如下图所示。

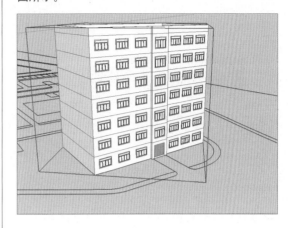

10.2.3 完善住宅楼模型

一栋建筑模型已经创建完成，下面就继续完善其他建筑模型，场景中操作步骤如下：

步骤 01 选择创建好的建筑，激活移动工具，按住Ctrl键进行移动复制，如下图所示。

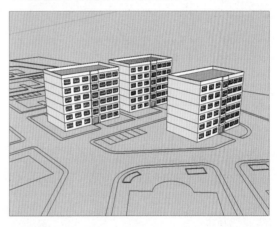

步骤 02 再按照前面的操作方法，创建出后面的住宅区建筑，如下图所示。

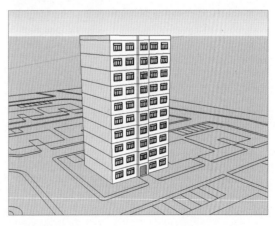

步骤03 再对创建好的建筑模型进行复制，并适当调整楼层数，如下图所示。

步骤04 接着创建剩余的住宅建筑及活动中心建筑，如下图所示。

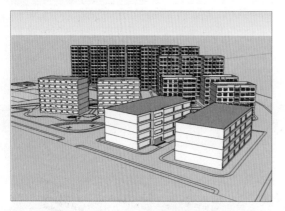

10.2.4 制作售楼处建筑模型

售楼处模型相较于住宅楼来说要复杂一些，最主要的是入口处的旋转门的制作，具体操作步骤如下：

步骤01 使用线条工具、偏移工具、推拉工具，绘制售楼处一层墙体轮廓并成组，如下图所示。

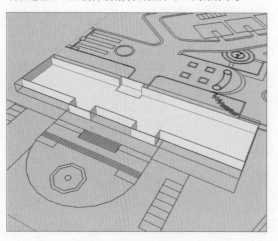

步骤02 为一层墙体创建窗洞及门洞，如下图所示。

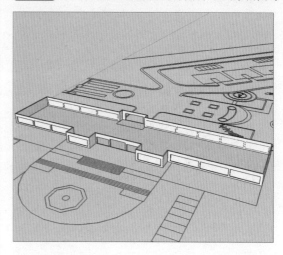

步骤03 执行"文件＞导入"命令，导入成品旋转门模型及玻璃门模型，复制模型并调整到合适位置，如下图所示。

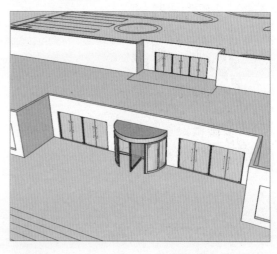

步骤04 激活线条工具，为一层模型封顶，如下图所示。

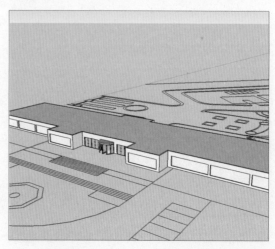

步骤 05 选择一层模型，激活移动工具，按住Ctrl键向上移动复制，如下图所示。

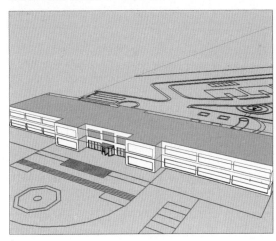

步骤 06 双击二层模型进入编辑模式，将门洞修改为窗洞，如下图所示。

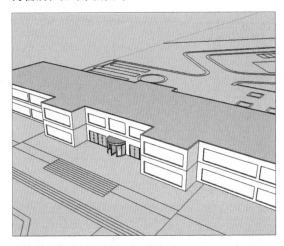

步骤 07 选择二楼模型，向上移动复制，并将模型成组，至此，场景中的建筑模型已经创建完毕，取消隐藏其他模型，如下图所示。

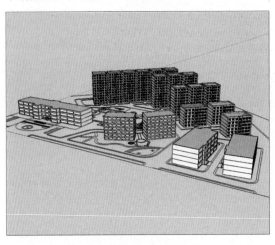

10.3　完善场景布局

本场景中的模型已经创建完毕，接着来制作地面上的道路及草坪等造型，使场景更加真实。

10.3.1　制作地面布局轮廓

由于场景较大，运行很慢，在制作地面场景时首先将场景中的建筑隐藏，仅留下平面布局图，下面介绍操作步骤：

步骤 01 激活线条工具，捕捉平面图，绘制平面轮廓，这里先勾画出道路、草坪及建筑的底面轮廓，如下图所示。

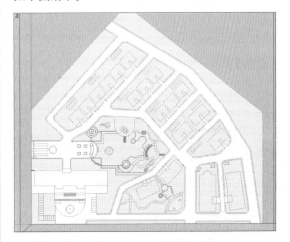

步骤 02 激活推拉工具，将地面平面向下推出200mm，如下图所示。

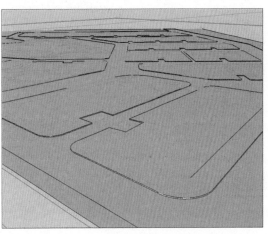

步骤03 使用线条工具、圆弧工具绘制出路挡，如下图所示。

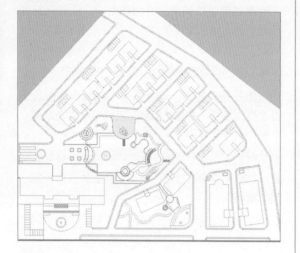

步骤04 激活推拉工具，推出路挡的高度，如下图所示。

步骤05 使用线条工具、圆弧工具绘制出草坪中的小路轮廓，如下图所示。

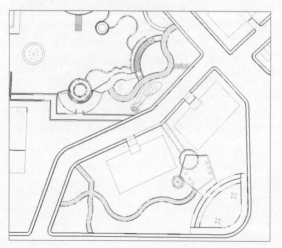

步骤06 激活推拉工具，将小路平面向下推出100mm，如下图所示。

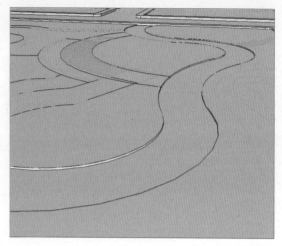

步骤07 勾画出住宅前方娱乐休闲区平面轮廓，如下图所示。

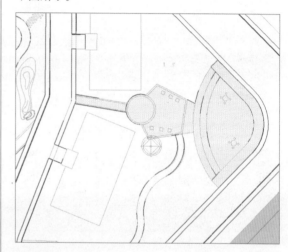

步骤08 激活推拉工具，分别推出地面高度，如下图所示。

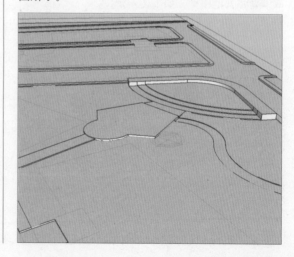

步骤09 使用线条工具、圆弧工具绘制出水景区轮廓，如下图所示。

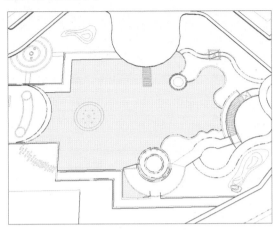

步骤10 激活推拉工具，推出水景深度，如下图所示。

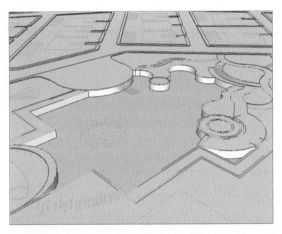

步骤11 然后分别绘制水景区岸边的地面造型，如下图所示。

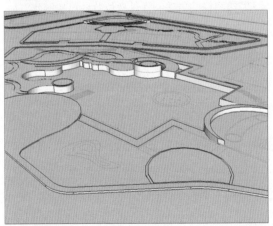

步骤12 再将视角移动到售楼大厅处，制作出地面阶梯等模型，如下图所示。

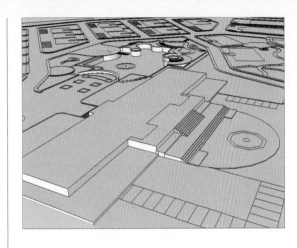

10.3.2　添加小品模型

下面来制作场景中的部分小品模型，操作步骤如下：

步骤01 首先制作假山，将视角移动到水景区，激活线条工具，捕捉绘制假山等高线并成组，如下图所示。

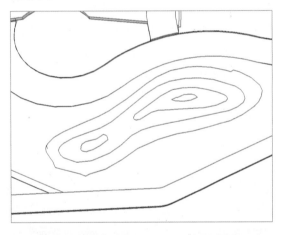

步骤02 双击进入编辑模式，激活推拉工具，推出相应的厚度，如下图所示。

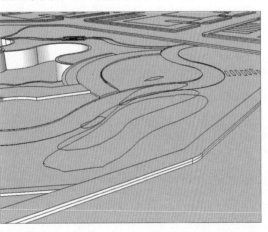

步骤 03 选择等高线，在沙盒工具栏中单击"根据等高线创建"按钮，即可形成假山模型，如下图所示。

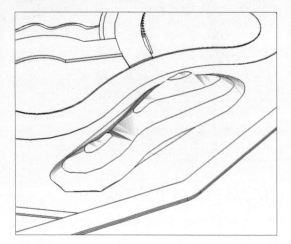

步骤 04 再按照相同的方法制作其他假山模型，并调整位置，如下图所示。

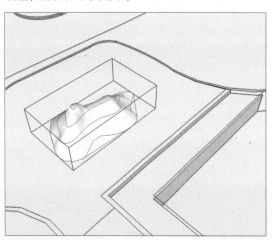

步骤 05 激活线条工具，勾画出石板踏步轮廓并成组，如下图所示。

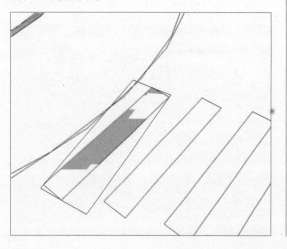

步骤 06 双击进入编辑模式，激活推拉工具，推出石板厚度，如下图所示。

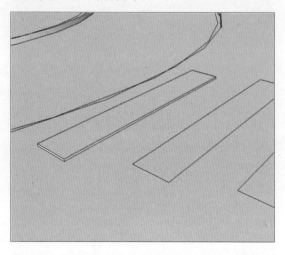

步骤 07 选择模型，激活移动工具，按住Ctrl键，捕捉平面图进行移动复制，如下图所示。

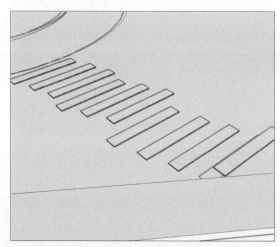

步骤 08 同样的方法制作其他位置的石板踏步，如下图所示。

步骤 09 接下来制作栏杆，使用矩形工具与推拉工具制作出栏杆组件并成组，如下图所示。

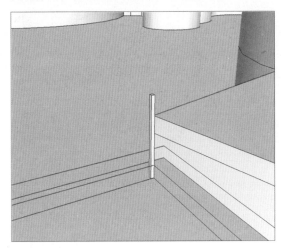

步骤 10 选择该组件，进行复制并成组，效果如下图所示。

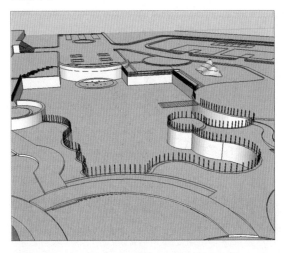

步骤 11 双击进入编辑模式，激活线条工具，沿栏杆绘制一条轮廓线，如下图所示。

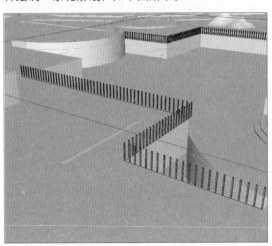

步骤 12 激活线条工具，绘制一个矩形框作为栏杆截面，如下图所示。

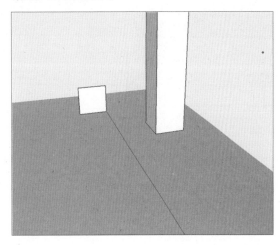

步骤 13 选择轮廓线，激活跟随路径工具，在截面上单击，即可创建出栏杆扶手造型，调整位置，如下图所示。

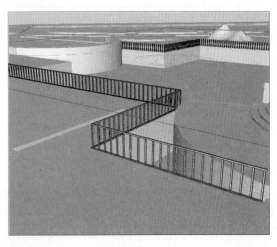

步骤 14 同样的方法制作出其他位置的栏杆扶手，完成栏杆的制作，如下图所示。

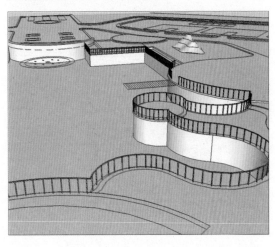

步骤15 执行"文件>导入"命令，为场景导入路灯模型，如下图所示。

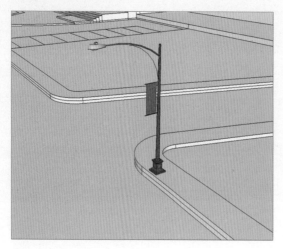

步骤16 为整体场景复制路灯，并调整间距，如下图所示。

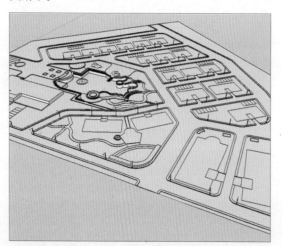

步骤17 再导入多种植物模型并进行复制，如下图所示。

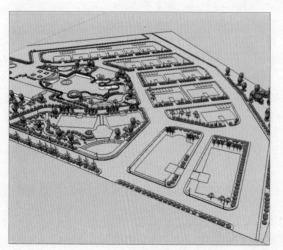

步骤18 为主要视角位置导入汽车模型，效果如下图所示。

步骤19 最后导入其他模型，取消隐藏建筑物，并调整位置及高度，如下图所示。

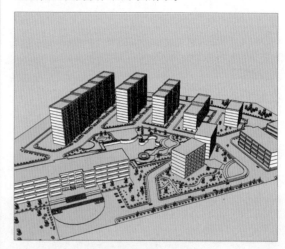

10.4   完善场景效果

场景模型制作完毕后，就需要对场景进行效果的完善，为其添加贴图及阴影等效果，使场景更加真实生动。

10.4.1   添加贴图

本场景中面积范围较大，但是需要的材质贴图不多，最主要的是覆盖面积较大的道路、植被及建筑物等，下面来为它们赋予材质，操作步骤如下：

步骤 01 首先制作植被材质，并将材质赋予到场景中的草坪对象，如下图所示。

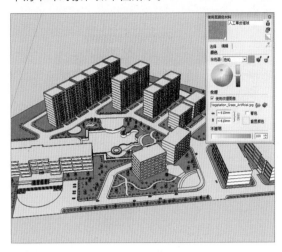

步骤 02 制作路面材质，并将材质赋予到场景中的路面对象，如下图所示。

步骤 03 制作地砖材质，并将材质赋予到场景中的广场、路挡等室外地面，如下图所示。

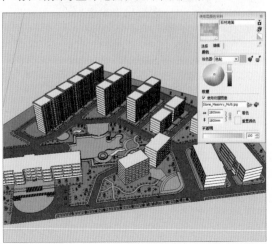

步骤 04 将视角移动到水景区，双击地面进入编辑模式，选择水池底部平面，向上移动复制，作为水面，如下图所示。

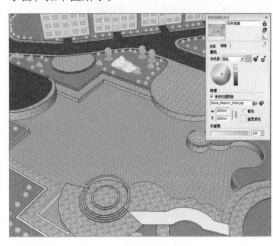

步骤 05 制作水材质，并将材质赋予到场景中的水面，如下图所示。

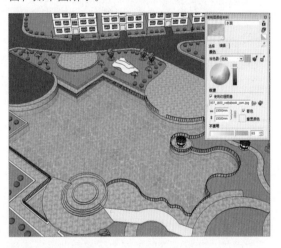

步骤 06 制作假山材质，并将材质赋予到场景中的假山，如下图所示。

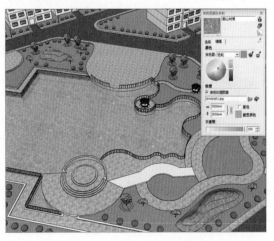

步骤 07 制作木质材质，并将材质赋予到场景中的木栈道、栏杆等，如下图所示。

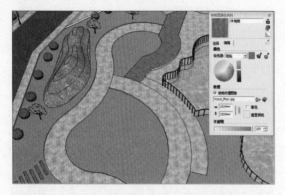

步骤 08 再创建墙面和玻璃材质，为场景中的建筑物及窗户等赋予材质，如下图所示。

10.4.2 制作阴影效果

当场景中的模型及材质等都创建完毕后，最后一步就是为场景添加阴影效果，利用阴影工具使场景产生明暗对比。场景中的住宅区建筑是正面朝南的，这里就需要将整个场景模型进行适当的旋转，下面介绍操作步骤：

步骤 01 按Ctrl＋A组合键，全选场景中的模型，激活旋转工具，将整体模型进行旋转，如下图所示。

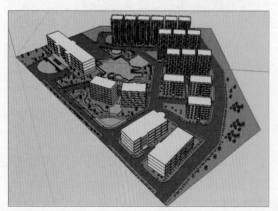

步骤 02 执行"窗口＞阴影"命令，打开"阴影设置"面板，开启阴影显示，如下图所示。

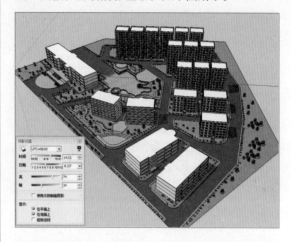

步骤 03 拖动滑块调整时间、日期及阴影的亮暗显示，至此完成本案例的制作，如下图所示。

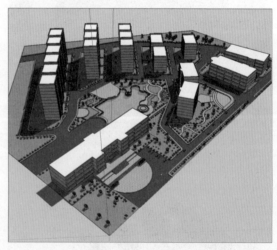

附录 课后练习参考答案

Chapter 01

1. 选择题

(1) D　(2) B　(3) B　(4) C　(5) D

2. 填空题

(1) 红色、绿色、蓝色

(2) Ctrl、Shift

(3) 英寸、毫米

(4) 一般选择、框选、叉选

Chapter 02

1. 选择题

(1) A　(2) C　(3) C　(4) B　(5) A

2. 填空题

(1) 跟随路径

(2) 双击鼠标

(3) Shift

(4) -1

Chapter 03

1. 选择题

(1) D　(2) B　(3) A　(4) B　(5) C

2. 填空题

(1) 与上一段圆弧半径相同

(2) 直线、圆弧、圆形、曲线

(3) 根据等高线创建、根据网格创建、曲面拉伸、
曲面平整、曲面投射、添加细部、翻转边线

(4) 对角线

Chapter 04

1. 选择题

(1) B　(2) D　(3) C　(4) D　(5) D

2. 填空题

(1) 样式

(2) 相交、并集、减去

(3) 样式窗口

(4) 鼠标、Ctrl键、Shift键

Chapter 05

1. 选择题

(1) B　(2) B　(3) B　(4) A　(5) B

2. 填空题

(1) 0.0001

(2) JPG、BMP、TGA、TIF、PNG

(3) Shift、Ctrl

(4) 绕轴旋转